U0168753

图解
江南园林

陈 波 王月瑶 景郁恬 著

江苏凤凰科学技术出版社 · 南京

图书在版编目（CIP）数据

图解江南园林 / 陈波，王月瑶，景郁恬著. — 南京：
江苏凤凰科学技术出版社，2023.1（2023.8重印）
　ISBN 978-7-5713-3320-1

　Ⅰ．①图… Ⅱ．①陈… ②王… ③景… Ⅲ．①古典园
林－园林艺术－华东地区－图解 Ⅳ．①TU986.625-64

中国版本图书馆CIP数据核字(2022)第227758号

图解江南园林

著　　　者	陈　波　王月瑶　景郁恬	
项 目 策 划	凤凰空间/徐　磊	
责 任 编 辑	赵　研　刘屹立	
特 约 编 辑	闫　丽	

出 版 发 行	江苏凤凰科学技术出版社
出版社地址	南京市湖南路1号A楼，邮编：210009
出版社网址	http://www.pspress.cn
总 经 销	天津凤凰空间文化传媒有限公司
总经销网址	http://www.ifengspace.cn
印　　　刷	河北京平诚乾印刷有限公司

开　　　本	710 mm×1 000 mm　1 / 16
印　　　张	13.5
字　　　数	160 000
版　　　次	2023年1月第1版
印　　　次	2023年8月第2次印刷

标 准 书 号	ISBN 978-7-5713-3320-1
定　　　价	78.00元

图书如有印装质量问题，可随时向销售部调换（电话：022-87893668）。

前言

    中国古典园林具有高超的艺术水平和独特的艺术风格，是世界三大园林体系之一，在世界园林史上占有极其重要的位置。中国古典园林不仅对日本、朝鲜等亚洲国家，而且对欧洲国家的园林艺术创作都产生过很大影响。因此，中国素有"世界园林之母"的美誉。

    中国地域辽阔，东西南北的气候、地理条件及人文风貌各不相同，因而园林也常常表现出较为明显的地域特色，并形成了最具代表性的三大古典园林艺术精华——北方皇家园林、江南园林和岭南园林。在生态文明新时代，北方皇家园林和岭南园林虽仍然散发着无穷的艺术魅力，但受到适用对象或地域性等因素的影响，推广应用的局限性很大。特别是在当今新时代美丽中国建设进程中，江南古典园林艺术因其不同于前两者的特色，发展空间越来越广阔。浙江和江苏都是江南古典园林的主要发祥地。浙江地势起伏多变，有"七山一水两分田"之说。浙江濒临东海，山有普陀、天台、雁荡、东西天目之奇秀，水有钱塘潮之壮观，西子湖之明媚，富春江、苕溪之幽胜，以及让人流连忘返的兰亭曲水、鉴湖、南湖、永嘉诸山水，处处洋溢诗情画意，"越风宋韵"可谓是浙江的文化底蕴。而江苏是全国地势最低平的省份之一，湖泊众多，水网密布，海陆相邻，水域面积占16.9%，具有十分鲜明的水乡文化特色。"小桥、流水、人家"构成人们对江苏城镇景观的初步印象。江苏境内有古镇水乡、千年名刹、古典园林、帝王陵寝、都城遗址等，可谓是"吴风汉韵，各擅所长"。

浙江是中国山水文化的起源地之一，谢灵运的山居、王羲之的兰亭是中国山水园林的创始之作。自东晋西湖灵隐寺始，由隋唐至五代，浙江的寺庙园林独步江南。五代吴越至南宋，以杭州西湖为代表的皇家御苑、私家宅园和风景名胜成为中国风景园林发展史的重要一页。明、清以至近代，依托于浙江经济文化的发展，私家园林如天女散花般星星点点地建成于杭嘉湖平原。

杭州园林以西湖景观为代表。西湖山水呈现出中国山水画的典型审美特性——朦胧、含蓄与诗意，浸润着东方生态美学的经典审美理念"诗情画意"。西湖景观承载了历朝历代各阶层人士的不同审美需求，并在中国"天人合一""寄情山水"的山水美学文化传统背景下，拥有了突出的"精神栖居"功能。

与杭州同属浙北地区的嘉兴与湖州，历来是人文荟萃的鱼米之乡，古典园林蔚为大观。嘉兴是新石器时代马家浜文化的发祥地，有7000余年的人类文明史，逐渐形成了内涵丰富、特色鲜明的地方文化。其园林也随之形成了鲜明的地域特色，是江南园林的重要分支。安澜园、会景园、勺园、绮园和西园，尽显典雅精致、玲珑多姿的个性特点，尤其是南湖烟雨楼胜景，深受清朝乾隆皇帝的赞赏，因而在承德避暑山庄仿造一座烟雨楼，使得北方的皇家花园也打上了嘉兴园林的印记。

湖州山川秀丽，气候温润，园林建设的自然条件极为优越。自唐代以来，经济文化逐渐发达，园林艺术历史悠久。特别是从南宋起，造园技艺日臻成熟。童寯《江南园林志》称："宋时江南园林，萃于吴兴。"南宋时期，湖州仅私家园林就建有60多处，并向城镇蔓延。到明清时期达到造园高峰，形成以南浔庞氏宜园、张氏东园、刘氏小莲庄、张氏适园等为代表的丝商园林。

此外，古越国都城绍兴的沈园、兰亭，金华兰溪的芥子园，温州的如园、玉介园、依绿园、且园、二此园等著名私家园林，以及众多的寺观园林、书院园林、公共园林等，在浙江大地上星罗棋布，蔚为壮观。

总的来说，浙江古典园林是历史上地处浙江地域范围内园林的总称，包含杭州、嘉兴、湖州、绍兴、宁波、台州、金华、舟山、温州、丽水和衢州11个地市的古典园林。其中杭嘉湖地区历史上经济较为发达，园林数量较多，造园风格更接近苏州园林，是浙江古典园林造园技艺的集中体现地，也是研究的重点区域，而浙中、浙南等地历史上经济欠发达，古典园林数量也较少，但同时具备了一些地方特色，如温州地区的古典园林更加接近闽南园林的风格，在对浙江园林发展的研究中也需要兼顾。

江苏园林自先秦贵族范囿和秦汉皇家宫苑衰败以后，汉魏六朝时期崛起的私家园林最终成为大宗，宋代后逐渐形成细腻、精致的地方园林特色。元明清时期发展到巅峰，形成了以苏州园林、扬州园林为代表，且两者又同中有异的私家园林流派。

苏州园林以清雅、高逸的文化格调，成为中国古典园林的杰出代表，也成为明清时期皇家园林及王侯贵戚园林效法的艺术范本。1997年，苏州拙政园、留园、网师园、环秀山庄被列入《世界文化遗产名录》，2000年，沧浪亭、狮子林、艺圃、耦园、退思园也被列入《世界文化遗产名录》，成为全人类的宝贵财富。

扬州园林主人多为富商，以徽商居多，其他还有江西、两湖的商人和粤商。因此，扬州园林体现了皖南或江西、两湖等地的审美趣味和建筑风格。扬州园林既具有北方园林宏伟雄丽的特色，又有江南园林纤巧雅致的韵味，还吸纳了西洋建筑元素来点缀园林。因此，扬州园林形成了兼有北雄南秀与西洋味的独特风格。

除了苏州与扬州之外，六朝古都的南京在历史上有华林园、玄武湖、芳乐苑等皇家园林，随园、瞻园、煦园等私家园林，以及寺庙道观园林，这些园林交相辉映、溢光流彩。无锡的寄畅园、泰州的乔园、如皋的水绘园等也各揽其胜。

纵观江苏园林艺术史，江苏古典园林规模由大到小，从大自然的粗犷之气中对自然景观进行提炼、概括并进行典型化运用，最后成为小中见大的咫尺山林。在创作方法上，从对自然风景的写实、再现，到写实、写意，再到诗化、画化的写意。清中叶后，建筑围合、划分山水、妙造自然的主旨有所削弱，园林更趋向人工化，但更加精巧雅致。

童寯先生在《江南园林志》中写道："南宋以来，园林之盛，首推四州，即湖、杭、苏、扬也。"清代李斗在《扬州画舫录》中评论说："杭州以湖山胜，苏州以市肆胜，扬州以园亭胜，三者鼎峙，不分轩轾。"可见，杭州、苏州、扬州三地的园林作为江南古典园林的重要组成部分，私家园林发展极为兴盛；而温州作为"中国山水诗发祥地"，拥有"山水斗城"的鹿城格局，苍坡、岩头等传统古村落，雁荡、南溪等奇秀山水，泰顺、庆元编梁木拱桥……瓯越大地的古典园林虽然曾经辉煌，但现在却有些鲜为人知。

基于此，本书根据地域分布，在浙北、浙南、苏北、苏南各选择了一个代表性城市，分析其古典园林的造园背景、发展简史、典型名园和艺术特色，从而探索江南古典园林的不同地域特色，揭开江南地区核心区——苏浙两地的古典园林异同的奥秘，既宣传普及博大精深的江南园林文化，同时也为当今具有地域性的园林景观风貌塑造提供借鉴。

本书是浙江省浙派园林文旅研究中心的重要研究成果之一。浙派园林文旅研究中心是国内首家浙派园林领域省级研究机构，紧密依托浙江省文化和旅游发展研究院、浙江理工大学建筑工程学院、杭州国际城市学研究中心，汇集了文化、园林、旅游等领域的知名专家、学者，形成了实力雄厚的研究团体和技术平台，肩负"发扬光大浙派园林事业，开拓引领浙韵生活风尚"的重任。十余位领导和相关领域专家为中心题词，并给予中心深切的鼓励和期望。2021年，中心编著出版了《浙派园林学》（上册《浙派园林设计理论与方法》，下册《浙派园林营造技艺与案例》），开始正式构建"浙派园林学"的学术体系。

　　本书是各位作者通力合作的成果，整体构思与学术框架搭建由陈波完成，杭州、温州部分初稿由王月瑶完成，苏州、扬州部分初稿由景郁恬完成，全书由陈波负责统稿。浙江理工大学风景园林专业硕士研究生康昱、杨翔、刘佳惠、钱钰辉、陆云舟、闫欢、王许阳、陈慧琳等同学为本书的编写提供了帮助。天津凤凰空间文化传媒有限公司徐磊编辑为本书的编辑与出版提供了大力支持。在此，对上述人员一并表示衷心感谢！

　　江南地区地域范围广大，江南园林历史文化深厚，本书涉及内容浩瀚丰富，由于作者学识水平和写作时间所限，书中难免会有不足甚至错漏之处，恳请各位专家、读者批评指正。

浙江理工大学·浙江省浙派园林文旅研究中心主任

杭州国际城市学研究中心、浙江省城市治理研究中心客座研究员

2022 年 5 月于浙韵居

目录

第一章
绪论

江南，人杰地灵、山清水秀之地，自古以来就是"鱼米之乡"。发达的经济促使当地文化水平不断提高，孕育出了中国园林三大地域流派之一的江南古典园林，它代表着中国园林艺术的最高水平。

第一节　江南地区范围界定

"江南"一词虽然妇孺皆知，但明确地界定其地理范围又较为困难。由于历史上不同的行政区划，江南在空间形态上屡有变化，且变化很大，因此学者在学术研究方面形成了一些不尽相同的观点。

2010 年，在浙江长兴七里亭发现的旧石器时代的早期遗址，距今至少 100 万年，表明江南地区早在 100 多万年前就有古人类在此活动。距今六七千年前后，大江南北进入新石器时代的兴盛阶段。据初步调查，江苏、浙江及相邻地区的新石器时代文化遗址约有上千处，其中有苏州草鞋山文化、南京北阴阳营文化、常州圩墩文化、杭州良渚文化等。先秦时期，江南属百越之地，后被纳入华夏版图，成为华夏汉地九州之一的扬州（图 1-1）。

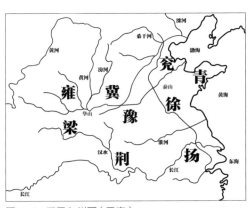

图 1-1 禹贡九州图（示意）

"江南"一词最早出现在先秦两汉时期。著名经济史学家李伯重先生认为："在较早的古代文献中，'江南'一词，如同'中原''塞北''岭南''西域'等地理名词一样，仅用来表现特定的地理方位，并非有明确范围的地区区划。"因此，先秦及两汉时期的江南，也就是早期的江南，更多的是一个范围极广的、泛指的概念，具有一种方位的意义，可以理解为长江中下游以南的广大地区，包括太湖和钱塘江流域、鄱阳湖、洞庭湖周围等区域。

先秦时期已经存在"江南"的说法。据《吴越春秋》记载:"周元王使人赐勾践,已受命号去,还江南,以淮上地与楚,归吴所侵宋地,与鲁泗东方百里;当是之时,越兵横行于江淮之上,诸侯毕贺,号称霸王。"可知史书中出现的"江南"一词,在春秋时期,最早指的是吴国、越国等诸侯国区域。

《史记·秦本纪》中记载:"(秦昭襄王)三十年,蜀守若伐楚,取巫郡,及江南为黔中郡。"此处出现的"江南",指的是现今湖南省和湖北省南部、江西部分地区。黔中郡在今湖南省西部。由此可见当时"江南"所指的范围之大。

到了汉代,江南的范围已经十分宽广,包含豫章郡、长沙郡、庐陵郡,相当于现在的江西省和湖南省等地。当然,在两汉时期,洞庭湖南北、赣江流域地区应是其主体区域。王莽时曾改夷道县为江南县,即今天湖北宜都地区。

西晋永嘉之乱后,中原士族相继渡过淮河、长江南迁,史称"衣冠南渡",以建康(今南京)为都,是为东晋。六朝时期,江南就是指江东政权所在地。

至隋代,江南被用作《禹贡》中"扬州"的同义词,同时还有江汉以南、江淮以北的意思。事实上,此前的江南已有一定的地域指代范围,如《史记·货殖列传》中出现了关于"江南豫章、长沙"与"江南卑湿,丈夫早夭"的描述。

唐贞观元年(627),分天下为十道,其中江南道的辖境为长江以南地区,范围包括今湖北长江以南部分、湖南、江西、江苏及安徽、四川、贵州等部分地区,其内部经济、自然、文化差异十分明显。由于江南道范围十分广阔,在开元年间被拆分为江南西道、江南东道和黔中道。其中与江南相关的两道:江南西道地辖今江西、湖南大部及湖北、安徽南部地区(除徽州);江南东道地辖今江苏省苏南、上海、浙江全境及安徽省徽州,后于乾元元年(758)被撤销,重新设置为浙江东道节度使、浙江西道节度使和福建观察使。此时的江南已经是一个十分明确的行政地理概念,这在江南地区概念演进的历史上具有里程碑的意义。

北宋初年改"道"为"路",江南路包括江西全境与皖南部分地区,分江南东路与江南西路。其中江南东路范围大体相当于今江苏省、安徽省长江以南部分地区以及江西东北部地区,今天江西省大多数土地属于江南西路,而同期的苏杭则属于两浙路。"靖康之乱"以后,北方民众纷纷南迁,短短十余年,"江、浙、湖、湘、闽、广,西北流寓之人遍满"。绍兴十一年(1141),宋金和约达成,和约规定南宋不得接收金朝"逃亡之人",南迁的浪潮始告消退。

元灭宋后，依历次军事征服用兵的范围设置了十大行省，宋代的江南东路、两浙路等行政区域全部划归江浙行省。江浙行省所辖的区域是宋元时期及后世中国经济最发达的地区之一，时人称"苏湖熟，天下足"，这一地区也在当时及后世成为国家财赋所出的重地。

明洪武元年（1368），定应天府（今南京）为京师，洪武十三年（1380）废中书省，中书省直辖府州改为直属六部，仍俗称"直隶"。永乐十九年（1421）迁都北京，改应天府为南京，直隶改称"南直隶"。当时江南的大致范围为直属南京应天府的南直隶。

清入关后，于顺治二年（1645）将南直隶改设为江南承宣布政使司，即废除了南京为国都的地位，巡抚衙门设在江宁府（今南京市）。康熙初年，改承宣布政使司为行省，江南承宣布政使司即改为江南省，同江西省一并由两江总督管辖，两江总督驻江宁府。"江南省"的名称正式出现。

江南省的范围大致相当于今江苏省、上海市、安徽省全境以及江西省婺源县、湖北省英山县、浙江省嵊泗县，是明清时期中国最发达的省份，经济繁荣，文化昌盛。由于江南省地域广大、政务繁重，顺治十八年（1661）将江南省一分为二，东称"江南右布政使司"，西称"江南左布政使司"。康熙六年（1667）改江南左布政使司为安徽布政使司，改江南右布政使司为江苏布政使司。"江苏"取江宁、苏州二府首字而来，而"安徽"取安庆、徽州二府首字而来。乾隆二十五年（1760）定江宁府为江苏省省会，安庆府为安徽省省会。至此，江苏、安徽两省行政区划大致定型。

综上所述，真正具有成熟形态的江南，是在封建社会后期的明清两代形成的。因此，可以把明清时期的江南看作江南地区在古代中国的成熟形态，而关于江南地区的界定与认同也应以此作为基本前提与对象。就此而言，李伯重先生关于江南地区的"八府一州"的观点是非常值得重视和关注的。所谓"八府一州"，是指明清时期的苏州、松江（今上海）、常州、镇州、应天（今南京）、杭州、嘉兴、湖州八府，以及从苏州府辖区划出的太仓州。但由于这一说法过于偏重古代的太湖流域经济区，因此显得不够灵活，特别是忽略了周边一些商贸与文化与之联系密切的城市，如"江南十府说"中提到的宁波和绍兴，还有尽管不属于太湖经济区，但在自然环境、生产方式、生活方式与城市文化上关联十分密切的扬州与徽州，以及后来被纳入长江三角洲（简称"长三角"）城市群的南通和温州等。鉴于此，刘士林教授认为，可以借鉴区域经济学的"核心区"概念，将"八府一州"看作是江南地区的核心区，而其他同样有浓郁江南特色的城市可视为其"外延"部分或"漂移"现象。

作为传统农业大国的重要组成部分，江南地区主要以围绕古城、古镇的广大乡村形态而存在，江南文化中蕴含的农耕文化在中国历史变迁过程中发挥的重要作用是不言而喻的。与古代社会相比，当今中国的城市已高度发达。从江南文化的现代转型与当代形态构建的意义上讲，人们熟知的长三角城市群已成为传统江南文化的主要载体，江南文化以此为依托，发展出最新形态。

与地理学上的长江三角洲不同，当代语境中的"长三角"是改革开放以来的新概念。与古代江南在地理上不断产生变化一样，当代长三角地区在内涵上也处于持续的变动与构建过程中。2018年，《长三角地区一体化发展三年行动计划（2018—2020年）》正式发布，同年长三角区域一体化上升为国家战略。在此背景下，2019年中共中央、国务院印发了《长江三角洲区域一体化发展规划纲要》（以下简称《纲要》），规划范围包括上海市、江苏省、浙江省、安徽省全域。这是国家当前推进长三角区域一体化的总体纲领，同时也为经济和政策意义上的"长三角"概念作了最权威的确认，即"三省一市"全域的41座城市。因此，本书界定的"新时代江南地区"是指《纲要》中提出的长江三角洲地区，包括上海市、江苏省、浙江省、安徽省全域41个城市。

本书从新时代江南地区范围内由南至北选取了不同地域的4个城市——浙北的杭州、浙南的温州、苏南的苏州、苏中的扬州，分析四地古典园林的造园背景、造园简史、著名园林，在此基础上总结江南古典园林的造园特色，从而揭开江南地区核心区——苏浙两地古典园林异同的奥秘。

第二节　江南古典园林概述

江南地区自然条件优渥，水系发达，植物多样，盛产太湖石，且手工艺技术发达，这些都为园林中的掇山叠石、理水、植物配置和建筑营造等提供了得天独厚的有利条件。在悠久的中国园林历史发展进程中，江南园林是被视为瑰宝的典型代表，分为江南古典园林和江南现代园林两个阶段，而江南古典园林较为著名，也最能彰显中国园林艺术的精妙。童寯先生的《江南园林志》是江南古典园林研究的发轫之作，书中认为："南宋以来，园林之盛，首推四州，即湖、杭、苏、扬也。"刘敦桢先生的《苏州古典园林》中指出："清代江南园林虽推苏州、扬州、杭州为代表，而私家园林则以苏州为最多。"

江南古典园林大多分布于长江下游、太湖流域一带，以苏州、扬州、杭州、湖州为最，加之这些地方自古便是达官显贵、文人墨客的云集之地，经济财富的积累以及文化艺术的繁荣提高了人们对园林的需求，同时出现了许多造园艺术家。他们之中，有的是造诣很深的画家和艺术家，如文震亨、李渔、石涛等，他们以诗画理论来指导造园，留下了不朽的园林杰作；有的是专职造园师，如计成、张南垣、戈裕良等，他们原是文人，擅长绘画，后来亲自参与园林的设计与施工，而且不断进行总结，著书立说，从而推动了江南古典园林的发展，尤其是私家园林的发展。周维权先生曾指出，当时"江南私家园林兴造数量之多，为国内其他地区所不能企及。绝大部分城镇都有私家园林的建置，而扬州和苏州则更是精华荟萃之地，向有'园林城市'之美誉"。

江南古典园林作为中国园林艺术中著名的地方风格园林，与北方园林迥异其趣。这里引用陈从周先生《园林分南北，景物各千秋》一文中的论述来进行说明：

> "春雨江南，秋风蓟北"，这短短两句分别道出了江南与北国景色的不同。当然，谈及南北园林的不同，不可能离开自然地理的差异。
>
> 我曾经说过，从人类开始有居室，北方是属于窝的系统，原始于穴居，发展到后来的民居，是单面开窗为主，而园林建筑物亦少空透。南方是巢居，其原始建筑为棚，故多敞口，园林建筑物亦然。产生这些有别的情况，还是先就

自然环境言之，华丽的北方园林，雅秀的江南园林，有其果，必有其因。园林与其他文化一样，都有地方特性，这种特性形成还是多方面的。

"小桥流水人家"和"平林落日归鸦"，分别属于两种不同境界。当然，北方的高亢与南方的婉约，使园林在总体性格上产生了不同。北方园林，我们从《洛阳名园记》中所见的唐宋园林可一探其风格，用土穴、大树造景，宏伟雄健，而少叠石小泉之景。明清以后，以北京为中心的园林建筑，受南方园林影响，有了很大的变化。但是自然条件却有所制约，当然也有所创新。

首先是对水的利用，北方艰于有水，有水方成名园，故北京西郊造园得天独厚。而市园，除引城外水外，则聚水为池，赖人力为之了。水如此，而对石的利用上，南方用太湖石，是石灰岩，较为湿润，故"水随山转，山因水活"，多姿态，有秀韵。北方用云片石，厚重有余，委婉不足，自然之态，终逊南方。且每年花木落叶，时间较长，因此多用常绿树，大量松柏遂为园林主要植物。其浓绿色衬在蓝天白云之下，与黄瓦红柱以及牡丹、海棠等花朵产生极为鲜明的对比，绚烂夺目，华丽炫人。

而在江南的气候条件下，粉墙黛瓦，竹影兰香，小阁临流，曲廊分院，咫尺之地，容我周旋，所谓"小中见大"，淡雅宜人，多不尽之意。落叶树的栽植，又使人们产生四季的感觉。草木华滋，是它得天独厚之处。北方非无小园、小景，南方亦存大园、大景，亦与北宋山水多金碧重彩、南宋多水墨浅绛的情形相同。因为园林所表现的诗情画意，正与诗画相同，诗画言境界，园林同样言境界。

北方皇家园林（官僚地主园林，风格亦近似），我名之为宫廷园林，其富贵气固存，而庸俗之处亦在所难免。南方的清雅平淡，多书卷气，自然亦有寒酸简陋之处。因此，北方的好园林多赋书卷气，所谓北园南调，自然是高品，成功的北方园林，大都注重水的应用，正如一位美女一样，那一双秋波是最迷人的地方（图1-2、图1-3）。

图 1-2 江南园林拙政园

图 1-3 北方园林颐和园

　　事实上，正如陈从周先生所言，北方园林受到南方园林的影响很大，但两者又有差异，给人的感觉也不同。从园林的建造来看，北方的著名园林常有南匠参与，南方园林也会吸纳北方园林的优点。可以说，文化的不断交流，促使了新的事物产生，为中国园林的发展提供了创意的沃土。

第三节 四座代表城市的地理环境与人文环境

一、杭州——东南名郡，精致和谐

杭州是浙江省的省会和经济、文化、科教中心，是长江三角洲中心城市之一，也是重要的风景旅游城市、首批国家历史文化名城。杭州地处长江三角洲南翼、杭州湾西端，山水相依、湖城合璧，江、河、湖、海、溪五水共导，风景如画，堪称"人间天堂"。杭州的山林、湖泊和平原地貌相互耦合，造就了特有的离奇、多变的自然环境。杭州古城三面环山，一面临湖（西湖），山、水、城融为一体，构成了独特的"三面云山一面城""乱峰围绕水平铺"的大格局，京杭大运河穿城而过，钱塘江水系在城南自西向东奔腾而去。群山之中树木资源丰富，植物种类繁多，山泉遍布，怪石嶙峋，为古典园林的建设提供了丰富的资源。

作为南宋的都城，杭州的文化在南宋时期达到了顶峰，在明清时期延续了繁荣发展的状态。浙派绘画、诗歌、盆景、篆刻、古琴等都各具特色、影响深远，阳明心学、浙东学派、永嘉学派等百花齐放。其中，明前中期中国画坛重要的流派——浙派绘画，以山水画为主要题材，风格雄健、简远，与擅长用真山真水来丰富园林景色的杭州私家园林一脉相承，再加上南宋园林风格的影响，杭州私家园林较之苏州园林多了一分源自自然的朴实。

此外，杭州直至明清时期还深受宋代理学的影响。无论是程朱理学还是阳明心学，都注重一个"理"字，受这种思想的影响，杭州的私家园林也有了更多"理"的思维，整体风格精致与大气并存。

二、温州——温润之州，义利并举

温州市位于浙江省东南部，东临东海，南毗福建，属亚热带海洋性季风气候，全年气候温和，夏无酷暑，冬无严寒，冬夏季风交替显著，四季分明，温度适中，雨量充沛。古人以"温"名其地，恰如其分。

温州境内地势从西南向东北呈现梯形倾斜。有洞宫、括苍、雁荡诸山脉绵亘，泰顺的白云尖海拔 1611.3 m，为全市最高峰。东部平原地区河道纵横交错，主要水系有瓯江、飞云江、鳌江，境内有大小河流 150 余条。温州陆地海岸线长 502 km，有岛屿 700 多个，海岸曲折，良港众多。

温州是一座文化底蕴深厚的山水城市，古称"瓯""瓯越""东瓯"，是"一坊一渠，舟楫必达""楼台俯舟楫，水巷小桥多"的水乡。到了宋时，更是"一片繁华海上头，从来唤作小杭州，水如棋局分街陌，山似屏障绕画楼"，其园林之盛可与杭州比肩。

温州在源远流长的瓯越文化中，以自东晋谢灵运兴起的山水文化、以南宋叶适为首的永嘉学派、楠溪江流域古村落的耕读文化、被誉为"百戏之祖"的温州南戏为杰出代表。这些独特的精神文化对温州古典园林的产生与发展起到了至关重要的影响，形成了具有鲜明地域特色的古典园林。

三、苏州——东方水城，仕隐齐一

苏州位于长江三角洲中部、江苏省东南部，东傍上海，南接浙江，西抱太湖，北依长江。全市地势低平，境内河流纵横，湖泊众多，太湖水面绝大部分在苏州境内，河流、湖泊、滩涂面积广大，是著名的江南水乡。苏州属亚热带海洋性季风气候，四季分明，气候温和，雨量充沛，土地肥沃，物产丰富，自然条件优越。

苏州是全国重点旅游城市。平江、山塘历史街区分别被评为中国历史文化名街和中国最受欢迎的旅游历史文化名街。苏州市域范围内现有 108 座园林被列入"苏州园林名录"。拙政园、留园、网师园、环秀山庄、沧浪亭、狮子林、艺圃、耦园、退思园 9 座古典园林被联合国列入《世界文化遗产名录》（图 1-4）。虎丘、盘门、灵岩山、天平山、虞山等都是著名的风景名胜。太湖绝大部分景点、景区分布在苏州境内。

苏州是一座具有近 2500 年的历史文化名城，拥有着丰厚的吴地文化遗产。其丰厚性体现在古城名镇、园林胜迹、街坊民居乃至丝绸、刺绣等丰富多彩的物化形态，以及昆曲、评弹、吴门画派等门类齐全的艺术形态，等等。文化底蕴的厚重深邃和文化内涵的丰富博大，是苏州成为中华文苑艺林渊薮之区的重要原因。

· 19 ·

图 1-4　被列为世界文化遗产的苏州园林，①~⑨依次是拙政园、留园、网师园、环秀山庄、
　　　　沧浪亭、狮子林、艺圃、耦园和退思园

特别是明清时期，苏州在全国文化领域处于中心地位。绘画、书法、篆刻流派纷呈，各有千秋；戏曲、医学、建筑自成一家，独树一帜；苏绣、木刻闻名中外；手工业极为发达。其中，兴于明中后期的"吴门画派"在长达150多年的时间内占据了当时画坛的主位，主要代表人物有沈周、文徵明、唐寅、仇英。"吴门画派"风格重传统，文人气息浓重，温和、平静、雅致，一如明清苏州私家园林的粉黛色彩，淡雅、清丽、意境深远。与"吴门画派"相提并论的"苏州学派（或称吴学派）"是乾嘉考据学的一个流派，以专、精而著称，这与苏州私家园林的纯粹性与精致性息息相关，成为孕育和构成园林风格和审美趋向的隐性土壤。

四、扬州——运河之都，刚柔相济

扬州市地处江苏省中部，位于长江北岸、江淮平原南端。东部与盐城市、泰州市毗邻；南部濒临长江，与镇江市隔江相望；西南部与南京市相连；西部与安徽省滁州市交界；西北部与淮安市接壤。

扬州市境内地形西高东低，市区北部和仪征市北部为丘陵，京杭大运河以东、通扬运河以北为里下河地区，沿江和沿湖一带为平原。境内有大铜山、小铜山、捺山等，主要湖泊有白马湖、宝应湖、高邮湖、邵伯湖等。除长江和京杭大运河以外，主要河流还有东西向的宝射河、大潼河、北澄子河、通扬运河、新通扬运河等。

扬州古称广陵、江都、维扬，是首批国家历史文化名城。所谓"淮左名都，竹西佳处"，扬州的城市风韵，由此可见一斑。

瘦西湖风景区位于扬州城区，是世界文化遗产大运河的重要组成部分、国家级风景名胜区蜀冈—瘦西湖风景名胜区的核心和精华部分。清代康乾时期即已形成的湖上园林群，融南方之秀、北方之雄于一体。窈窕曲折的一湖碧水，串以徐园、小金山、五亭桥、白塔、二十四桥、万花园、双峰云栈等名园胜迹，风韵独具而蜚声海内外。

扬州园林自古就声名远播，它凭借园亭之美与杭州的湖山、苏州的市肆"三者鼎峙"。古城内外水碧山青，园林置景不但具有北方皇家园林的金碧辉煌与高大壮丽，而且具有江南园林建筑小品的婉约细腻，风格自成一派。

第二章
江南古典园林的发展简史

中国古典园林，除皇家园林外，还有一大类属于王公、贵族、地主、富商、士大夫等私人所有的园林，称为私家园林，古籍里称之为园、园亭、园墅、池馆、山池、山庄、别墅、别业等。私家园林一般规模较小，大多以水面为中心，四周散布建筑，构成一个景点或几个景点；以修身养性、闲适自娱为园林的主要功能；园主多是文人学士出身，能诗会画、清高风雅、淡泊脱俗。历史上的江南私家园林主要集中在杭州、温州、苏州、扬州等地，探寻它们的发展历程，可以让我们清晰地把握各地古典园林的发展脉络与发展趋势，厘清各地园林在不同自然与社会环境影响下迥异的地域风格。

第一节 杭州古典园林简史

一、起源期——南北朝及以前

杭州园林最早可以追溯到新石器时代，据考古发现，五千年前的余杭良渚文化祭坛，已经具备了原始状态的高台形式。传说春秋晚期，吴王夫差得到越国进献的美女西施，命人于苏州的灵岩山上建造一条"响屟廊"。这条响屟廊的上面画栋雕梁，下面埋上陶缸，铺上一层富有弹性的梓木板。身穿系有小铜铃和各种玉佩饰品的衣裙、脚着精巧木屐的西施于廊中翩翩起舞，发出悦耳的、如木琴般的乐声，令吴王陶醉不已。此种似"霓裳羽衣舞"的浪漫情景，良渚文化时期的先民大概早已领略了。

自良渚后，杭州陷入沉寂，园林似乎失去了记载。秦代杭州始设县治，称"钱塘县"，与钱塘几乎同时设县的还有余杭县。由于钱塘东面靠山面海，时常受到海水侵袭，于是有地方官员修筑海塘以防潮水。东汉时，钱塘郡议曹华信从宝石山至万松岭修筑了一条海塘，西湖开始与海隔断，成为淡水湖。至此，翻开了杭州"湖山秀美，号称东南形胜"的篇章。

人工治理开发与钱塘江和东苕溪水动力的共同作用，增强了杭州市区一带自然地理的稳定性，陆域面积稳步扩展，城市朝着适宜人居和农业生产的方向发展，园林事业也得到发展。

二、繁荣期——隋唐

隋炀帝大业六年（610），从镇江到余杭的江南运河凿通，杭州成为京杭大运河的南方终点，这为杭州园林的发展奠定了经济基础。

杭州的繁荣始于唐代，当时的杭州园林名胜已具规模。唐长庆二年（822），白居易被任命为杭州刺史。当时的西湖蓄水能力严重下降，白居易疏浚西湖，用底泥修筑了一条高于原来湖面的堤坝，大大增加了西湖的蓄水量。

随着西湖的扬名，到西湖旅游的人越来越多。那时西湖园林名胜集中在灵隐寺、天竺寺、孤山、凤凰山一带。在凤凰山一带，以州治园林为主。州治内有虚白堂、因岩亭、高斋、清辉楼、忘荃、南亭、西园等。附近的万松岭"夹道多巨松，在唐时已有之"，与九里松齐名。

三、全盛期——宋元

南宋定都临安（今杭州），统治者偏安东南，皇亲贵戚、官僚地主、富商豪贾竞相在临安兴建庭园。加上北方大批能工巧匠、造园技师迁入杭州，促进了南北园林的交流和融合，使杭州的园林建设得到了较快的发展，园林建筑水平有了较大的提高。在此时期的100多年中，杭州城内外新建的大小花园有数百处之多，总体数量超过了同时代的苏州，成为南宋时期园林最发达的城市。

元军南下后，杭州大内园林被大火烧毁，不少园林变为寺庙。到清代时即便有园林尚存，也只是一二小屋颓舍而已。盛极一时的南宋临安园林，人们只能从史籍、诗画和想象中去寻找和感受。

四、成熟期——明清

1. 明代杭州私家园林发展概况

元明易代，明初房屋建造有严格的等级制度，并针对园林营造出台了《禁缮令》，使得明初杭州私家园林发展依旧处于低谷状态。而此后逐渐宽松的环境让杭州私家园林数量逐渐回升。

到明中后期，经济的繁荣、商业的发达、人民物质生活的极大富足，促使杭州的达官贵人、富商巨贾和文人士大夫开始享受生活，一掷千金地营造私家园林。与此同时，杭州知州杨孟瑛疏浚西湖使之恢复唐宋之旧，为私家园林营造奠定了良好的基础。

晚明时期，文人思想较为活跃，促进了园林书籍的问世，《园冶》《长物志》等造园著作相继出版，《西湖游览志》《西湖志类钞》《西湖梦寻》等书籍向大众介绍了西湖美景，打响了杭州这个旅游城市的知名度，吸引了文人墨客竞相前往。

与此同时，不少文人、官员厌倦官场，解官归隐避世，使得隐逸之风和好游之风达到新的高潮。但游山玩水并非日日可行之事，于是这些文人士大夫在西湖依山傍水处构筑山庄别墅，建造属于自己的私家园林，日日可享山水之乐。故而明代中后期杭州私家园林兴建蔚然成风，自南宋后再次达到高潮（表2-1）。

表2-1 明代杭州主要私家园林一览表

序号	园名	园主	建造时间	园址
1	南屏别墅	莫维贤	明初	慧日峰下
2	藕花居	广衍	洪武中期	净慈寺前、雷峰山湖滨
3	西岭草堂	钱塘泥上人	洪武中期	郡城之东
4	兰菊草堂	徐子贞	洪武初年	城东
5	冷起敬隐居	冷谦	明初	吴山
6	泉石山房	郝思道	明初	吴山
7	鹤渚	孙一元	弘正年间	雷峰下湖滨
8	高士坞	孙一元	弘正年间	莲华洞西
9	齐树楼	方豪	正德年间	石屋岭
10	郑继之寓居	郑善夫	正德年间	龙山
11	洪钟别业	洪钟	明中前期	西溪
12	两峰书院	洪钟	明	涌金门外
13	于谦故里	于谦	明中前期	祠堂巷
14	金衙庄	金学曾	万历年间	城东
15	近山书院	金璐	明	孤山
16	来鹄楼	张文宿	明	钱塘门稍北
17	钱园	钱麟武	明	涌金门外
18	东园	莫云卿	明	望江门内
19	城曲茅堂	蓝瑛	明	横河桥旁
20	寓林	黄汝亨	明	南屏山小蓬莱岛遗址
21	小辋川	吴大山	万历年间	葛岭
22	大雅堂	高应冕	明	孤山麓
23	包衙庄	包涵所	明	雷峰塔下
24	查伊璜住所	查伊璜	明	铁冶岭东
25	青莲山房	包涵所	明	莲花峰
26	岣嵝山房	李茇	明	灵隐韬光山

图解江南园林

序号	园名	园主	建造时间	园址
27	巢云居	洪瞻祖	明	西泠桥附近
28	孤山草堂	冯梦祯	万历三十一年	孤山之麓
29	吴宅	—	万历年间	岳官巷
30	读书林	虞淳熙	明	南屏山回峰
31	南山小筑	李流芳	明	雷峰
32	烟水矶	张瀚	明	曲院内
33	小瀛洲	商周祚	明	问水亭南
34	楼外楼	祁彪佳	明	问水亭南
35	尺远居	徐武贞	明	涌金门外
36	池上轩	黄元辰	明	涌金门外
37	芙蓉园	周中翰	明	涌金门外
38	寄园	张元汴	明	涌金门外
39	戴园	戴斐臣	明	涌金门外
40	吴衙庄	吴氏	明	铁冶岭
41	从吾别墅	林梓	明	葛岭
42	南岑别业	吴汝莹	明	玉岑山
43	凤山书屋	蒋骥	明	凤凰山
44	湖阁	陈青芝	明	孤山
45	香林园	苏仲虎	明	九里松
46	朱养心药铺	朱养心	明	大井巷
47	梧园	吴继志	明末	孩儿巷
48	药园	吴溢	明末	东城隅，与皋园相望
49	天香书屋	翁开	明末	葛岭之下
50	横山草堂	江元祚	明	横山六松林畔、钱村妙静寺东
51	王隐君山斋	王隐君	明	风篁岭
52	龙泓山居	闻启祥	明	龙井、风篁岭
53	葛寅亮宅	葛寅亮	明	南屏山
54	树栾庐	陈慎吾	明	近太子湾
55	山满楼	高濂	万历年间	跨虹桥东
56	朱草山房	张慕南	万历年间	铁冶岭
57	石悟山房	陈椒堂	明	铁冶岭
58	毛家花园	毛文龙	明末	枫岭

序号	园名	园主	建造时间	园址
59	延爽轩	孔尚友	明末	枫岭
60	石园别业	沈大匡	明末	瑞石山下
61	西溪草堂	冯梦祯	明	西溪
62	龙门草堂	屠贵	明	龙坞山
63	春星堂	汪汝谦	明	缸儿巷
64	洪氏别业	洪澄	明	孤山之阳
65	蝶庵草堂	江浩	明	西溪横山

2. 清代杭州私家园林发展概况

由于明清易代的战争，杭州不少园林毁于战火。但是杭州的园林营造活动并未就此停歇。明灭亡后，不少汉人要么回到自己的家乡，要么找个地方归隐。如吴本泰退隐来到西溪，在秋雪庵附近买下一座庄园，过起隐居生活，故而清初杭州私家园林营造活动仍在继续。

到清康熙中期，杭州的经济逐渐恢复，资本主义萌芽更为显著，康熙、乾隆两位皇帝南巡杭州名景，推动杭州造园又达到新的高潮（表2-2）。到清代中后期，西方文化对中国古典园林文化产生冲击，使园林营造方式发生了变化，逐渐出现西式花园。文人士大夫清高、隐匿的思想愈来愈淡薄，而商人则散尽千金营建自己的宅院，以达到聚客、炫耀自己财富等目的。这导致了传统"隐于园"的私家园林思想变成了"娱于园"的思想，园林营造陷入程式化，造园艺术与技艺已无创新意识，园林艺术逐渐衰落，杭州古典私家园林也逐渐走向没落。

表 2-2 清代杭州主要私家园林一览表

序号	园名	园主	建造时间	园址
1	弹指楼	吴本泰	顺治二年	西溪蒹葭里，近秋雪庵
2	半亩居	周氏	顺治初年	近艮山门城东隅
3	紫阳别墅	周雨文	清初	紫阳山下太庙巷
4	玉玲珑馆	姚立德	清	横河桥前
5	半山园	沈香岩弟子帷之	清初	庚园之北
6	庚园	沈香岩	顺治十四年	东城横河桥大河下
7	吟香别业	范承漠	清	在孤山路

序号	园名	园主	建造时间	园址
8	皋园	严颢亭	清初	城东隅清泰门稍北
9	江声草堂	金志章	清初	范（梵）村以西钱塘江畔
10	吴庄	吴姓官员	清初	茅家埠，于醉白楼修建
11	也园	叶菁	康熙初年	荐桥九曲巷
12	清风草庐	徐潮	康熙年间	圣因寺右
13	层园	李渔	康熙年间	云居山铁崖岭上
14	澄园	薛既白	康熙十六年	吴山螺蛳山之南
15	吴山草堂	吴瑺符	清	吴山螺子峰
16	复园	汪煜	清	城北谁庵侧
17	息园	郑春荐	清	大井巷内环翠楼近山处
18	就庄	陈任斋	清	昭庆寺西、断桥东
19	雪庄	许承祖	乾隆六年	断桥之东、白堤之北
20	白云山房	翁嵩年	雍正元年	飞来峰之西
21	竺西草堂	张照	清	西溪
22	竹窗/高庄	高士奇	康熙年间	河渚前、西溪
23	赵庄	赵殿最	清	葛岭之麓镜水楼左
24	漪园	汪献珍	雍正年间	雷峰西
25	愿圃	顾且庵	清	武林城街北折西
26	黄雪山房	徐逢吉	清	清波门外学士港
27	丁家花园	丁阶	乾隆年间	奎恒巷
28	梁肯堂宅	梁肯堂	乾隆年间	海狮沟七龙潭
29	红柏山庄	王昙	嘉庆	西马塍，豪曹巷迤西
30	泊鸥山庄	陶篁村	清	葛岭麓
31	潜园	屠琴岛	清	张御史巷
32	晚钟山房	江兰	嘉庆九年	净慈寺西
33	蕉石山房	李卫	雍正九年	丁家山
34	小有天园	汪之萼	清初	净慈寺西、南屏山麓
35	留余山居	陶骥	清初	南高峰北麓
36	留溪山庄	蒋炯	嘉庆年间	留下古镇市杪
37	春山堂	魏谦升	清	西马塍
38	南园	王见大	清	皮市巷

序号	园名	园主	建造时间	园址
39	严庄	杨饰琦	清	葛岭下濒湖
40	葛岭山庄	沈氏	清	葛岭下濒湖
41	吴园	吴氏	清	吴山
42	宣园	—	清	吴山瑞石山麓
43	倪园	倪石鲸	清	吴山清平山
44	寒山旧庐	陆芑洲	清	瑞石山
45	丹井山房	—	清	葛岭下，门临湖面
46	长丰山馆	朱彦甫	清	涌金门外
47	胡雪岩故居	胡雪岩	同治十一年	元宝街
48	勾山樵舍	陈兆仑	清末	柳浪闻莺公园正门的对面
49	俞楼	俞樾	清末	孤山南麓、西泠印社旁
50	水竹居	刘学询	光绪二十四年	丁家山下
51	坚匏别墅	刘锦藻	清末	北山路，宝石山东南麓
52	杨庄	杨味青	清末	葛岭山麓濒湖处
53	南阳小庐	邓炽昌	清末	葛岭麓
54	小万柳堂	廉惠卿	光绪年间	花港观鱼之南
55	金溪别业	唐子久	光绪年间	金沙巷
56	红栎山庄	高云麟	光绪三十三年	花港观鱼侧
57	郭庄	郭士林	光绪三十三年	卧龙桥北（原端友别墅）
58	陈庄	陈曾寿	清末	苏堤小南湖旁
59	道村	刘更生	清末	金沙港
60	兰因馆	陈文述	道光中期	孤山（巢居阁西）
61	右台仙馆	俞樾	清末	右台山麓
62	三台别墅	陈六笙	清末	三台山麓
63	停云湖舍	王文勤	清末	钱塘门外圣塘路
64	绿柔湖舍	张均衡	清末	断桥东
65	王文韶故居	王文韶	清末	清吟巷和杨绫子巷
66	宝石山庄	孙景高	清	宝石峰下
67	补读庐	葛安之	清	钱塘门外
68	振倚堂	汪宪	清	九曲巷

第一章 绪论 \ 第二章 江南古典园林的发展简史 \ 第三章 江南古典园林的名园赏析 \ 第四章 揭开江南古典园林的奥秘

第二节 温州古典园林简史

一、起源期——六朝以前

六朝以前各个时期，温州处于远离京城的偏远地区，境域变更频繁。当时社会生产力并不发达，人们的日常活动多受到自然环境的影响，并未出现对园林的需求。

温州历史悠久，早在良渚文化时期，就有瓯越先民在瓯江、飞云江沿岸务农、狩猎。汉惠帝三年（公元前192），越王勾践后裔驺摇建立东瓯王国，以这里为东瓯王城。东瓯王国只存在了55年，便因举国内徙江淮一带，而致东瓯王国消亡。据考证，东瓯王都城似在瓯江北岸、楠溪江下游一带（即今永嘉县境内）。清光绪《永嘉县志》载："西山北瓯浦，其地即东瓯王故城，岭有二亭。"可见彼时东瓯城依山而建，城中已有亭之类初步的景观构筑物，此或为"有据可考"的温州园林之起源。东瓯都城的建立成为温州城邑的建造之始，园林景观也有了雏形，对温州的发展具有重大的意义。但是，从东瓯王国的消亡到后期东越的灭亡，给温州的生产和文化带来了极为严重的破坏和不可磨灭的损失。直至200多年后，东汉永和三年（138），随着社会经济的逐渐恢复，东瓯才升为县，取名"永宁"。因此，可以认为温州古典园林的正式形成始于东汉。

二、定型期——六朝

晋室南迁，大批士族南下，使温州人口激增，同时带来了先进的生产技术和文化，温州的社会经济得到了迅速的发展，开始出现了园林营造活动。这一阶段的造园活动总体上比较质朴，主要是在自然山水中构景，整体风格恬淡豁达，园林审美处于单一的山水崇拜阶段。

魏晋时期，温州城内的园林活动主要由王羲之、谢灵运、颜延等达官显贵经营。永嘉郡建于华盖山与松台山之间，"多亭阁园池之胜"，这些成为温州衙署园林的雏形。谢灵运还在郡治内修建了西堂（又名梦草堂）、读书斋、池上楼等建筑。其诗《登池上楼》中称"池塘生春草，园柳变鸣禽"，可见衙署之内，亭台楼阁，凿池栽柳，形成了完善的园林景观。但此时郡城内的私家园林却非常少，主要以官宦子弟的宅园为主。谢灵运有宅第"谢村"，据清光绪《永嘉县志》载："谢公守永嘉，爱山水美于会稽，创第凿池于积谷山下。"司空图有诗曰"红叶谢村秋"，便是对谢村秋景的描绘。

三、发展期——隋唐

隋唐是中国封建社会的鼎盛时期，同时也是温州政治经济发展的转型时期。隋唐时期，南北方人口纷纷迁入温州，使得温州的农业、手工业、商业得到迅猛发展，经济逐渐繁荣，促进了古典园林的发展。

唐中后期，庄园经济发展兴盛，温州境内出现大量的庄园、田庄、别墅等，是士人诗酒宴会的雅集之地。例如"永嘉有高阳公山亭者，今为李舍人别墅也"，高阳公即高阳郡公许敬宗。此别墅为其在江南的田庄之一。庄园建在今永嘉县的赤岩一带，环境深幽，清溪蜿蜒，"龟山对出，背东武而飞来；鹤阜相临，向东吴而不进。青溪数曲，赤岩千丈。寥廓兮惚恍，似蓬岭之难行；深邃兮眇然，若桃源之失路"；庄园内"廊宇重复，楼台左右。烟霞栖梁栋之间，竹树在汀洲之外"，可谓"赤县幽栖，黄图胜景"。

安史之乱后，中原士族避乱南迁，更促进了温州庄园别墅的建设。例如，唐宗室李集避乱于永嘉，安宅于大罗山中，曰"李集宅"；原福建赤岸的金景，举家迁至横阳径口（今平阳水头），构屋建棻汀之堂。官僚士族兴建庄园别业，多于城郊幽胜之地，规模较大，园内景观丰富，园外自然风光秀美。这类建置于郊野，以自然山水为依托的庄园别墅，兼有农业生产和游赏兴会的功能，并逐步开始追求园林的意境美。

四、全盛期——宋元

宋元时期，温州的社会经济发展迅猛，古典园林的建设也进入了繁荣阶段。依托于"山水斗城"的基础格局，温州城内园林建设，或是依山，或是临水，造园风气较之上代更为炽盛。宋室南迁后，大批官僚皇族留居温州，建置家业。南宋高世则"慕永嘉山水之胜""买田负廓，作园囿，莳名葩，植佳木"，在温州大造园囿。

据元代陈高《清芬阁记》载，至元代，温州城内"甍连栋接，簇簇若蜂房，咫尺空隙不易得。故各为重屋以处，层楼飞阁，翼起相望……"另外，南戏《荆钗记》中描述永嘉郡城的景象是"越中古郡夸永嘉，城池阛阓人奢华。思远楼前景无限，画船歌妓颜如花"，温州是一片奢华繁荣的景象。思远楼在温州城西面，"面西山群峰，临会昌湖"，为宋郡守刘述所建，名人雅士驻足赞赏，"冠山覆湖，为东州胜地"（元代林泉生《重建思远楼记》）。当时会昌湖乃一方之胜地，湖内遍植荷花，有"十里塘荷"之称。湖岸楼台繁盛，除思远楼外，有叶适宅、莲花庄、瓜庐等多处名园，附近还有南亭、湖心寺、魁星阁等，形成园林荟萃的雅集之地。同时，会昌湖湖面宽阔，端午之时"里人于此观竞渡"，十里湖光，画船无数，热闹非凡。另外一个著名的园林胜地是"众乐园"，据《明一统志》载："众乐园在郡城西，旧郡治北，纵横数里，中有大池塘。亭榭棋布，花木汇列，宋时每岁二月，开园设酤，人群欢会，尽春而罢。"《永嘉县志》称它是后来的府城隍庙。再向西北延伸一里左右，就到了九山湖，湖上波光粼粼，画舫荡漾，四周还有西山、西湖、行春桥、思远楼以及"瓦市殿巷"等景点，均为游艺行乐之处。

五、成熟期——明清

明清之际，温州的园林建设在曲折中发展前进，逐渐走向成熟。明弘治年间，温州城镇经济自宋以后，又进入一个新的发展热潮。

明后期，盛世升平，地方名流士族日趋奢靡，开始在城内大兴宅第，在山郊广筑别墅，出现了不少筑园大家。明代张璁入相后回温州，在松台山麓大治府邸，府邸前敕建宝纶楼、制敕亭，后有荣恩堂、慕恩亭，西为妆楼、四召亭，松台山巅立朝关亭，并有府邸花园"众芳园"。之后，他又在瑶溪建贞义书院、罗峰书院、御书楼、来青园、富春园等，穷极园林之胜。另外，永强人王叔果、王叔杲兄弟亦是大兴园林。王叔杲将其父王澈位于华盖山麓的宅园"传忠堂"扩建为"玉介园"，又在城南十里外的旸岙筑"阳湖别墅"，于仙岩寺左筑"华阳精舍"。其兄王叔果在龙湾半山（现为龙岗寺附近盆地），借泉壑幽邃之景构亭筑台，修成缭碧园、静宜阁。至清末，名园几遍郡城，"万家城郭海天秋，几处园林任客游"（《瓯江竹枝词》）。据统计，明清时期著名的城市宅园有14处，其中衙署园林

3 处，分别为玉介园、且园、二此园，城市私园 11 处，如张氏如园、曾氏依绿园等，园中廊榭曲折，花木扶疏，充满诗情画意。"坡陀巧叠石斑斑，绿浸坳池水一湾。几处名园邀客赏，桂花屏后菊花山。"这是清同治年间分巡温处道方鼎锐在《温州竹枝词》中赞叹温州园林的诗句。他还在诗后注道："曾、周各园假山、池水俱有巧思，曾园以桂花为屏风，花时游人颇众；各家竞种菊花，叠为小山，排日宴客。"可见其时温州园林之盛（图 2-1）。

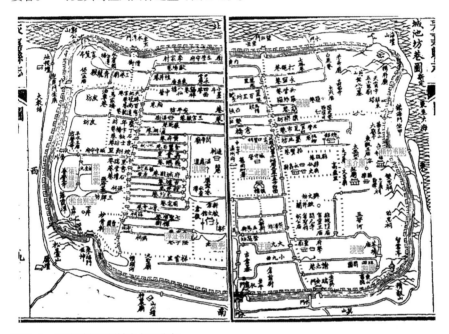

图 2-1　明清时期温州城内名园分布

总的说来，温州私家园林多与山水融为一体。由于温州境内多地山环水抱，私家园林分布大致可分为三类：第一类位于城中风光旖旎、环境清幽之处，如积谷山下的如园和华盖山麓的太玉楼等；第二类园林通常位于城镇边缘依山傍水之地，其园主属于"象征性隐居"，希望在偌大闹市寻得心灵慰藉，如宋之珍的宋庄、郑泰成的莲花庄等；第三类处于风景名胜地带，如在大罗山的刘冲宅、岷岗山的戴溪宅和左原山中的王十朋宅等。

由于温州城中多山水的特点，私家园林分布呈向外扩张的趋势，城中分布多集中，越往城外越分散。据史料记载和调研整理出的温州主要私家园林园址和概况见表 2-3。

表2-3 温州历代主要私家园林一览表

序号	园名	园主	朝代	园址
1	瞿素宅	瞿素	三国吴	在城东二十里，瞿屿山
2	西射堂	谢灵运	南朝	西城门外
3	谢村	谢灵运	南朝	积谷山下
4	高阳公山亭	许敬宗	唐	—
5	刘冲宅	刘冲	唐	大罗山
6	李集宅	李集	唐	茶山
7	上浦馆	—	唐	
8	乐成馆	—	唐	
9	愿齐庐	愿齐	五代	平阳明王峰顶
10	李少和宅	李少和	宋	大罗山
11	周侃宅	周侃	宋	招贤巷
12	朱士廉宅	朱士廉	宋	城北仙桂乡
13	莲花庄	郑泰臣	宋	会昌湖上
14	醉经堂	丁昌期	宋	—
15	戏彩堂	赵岇	宋	—
16	红云阁（红霞阁）	—	宋	
17	东山堂	周行己	宋	城隅古谢村
18	霜露堂	—	宋	
19	林季仲宅	林季仲	宋	去城二里许
20	瞿溪别墅	林季仲	宋	—
21	六桧堂	胡褒	宋	六桧罗堂下
22	读书台	王十朋	宋	孤屿东塔院下
23	宋庄	宋之珍	宋	思远楼之南
24	夏仙里	夏元鼎	宋	在二十都
25	张仲梓宅	张仲梓	宋	谢池
26	湖庄	陈谦	宋	—
27	瓜庐	薛师石	宋	会昌湖西
28	徐照宅	徐照	宋	雁池
29	林季任宅	林季任	宋	梅屿
30	蔡幼学宅	蔡幼	宋	庆善坊
31	赵建大宅	赵建大	宋	六都新建街
32	戴溪宅	戴溪	宋	岷冈山

序号	园名	园主	朝代	园址
33	叶适宅	叶适	宋	会昌湖
34	燕乐堂	—	宋	—
35	文峰楼	陈圣元	宋	—
36	梦草堂	洪模	宋	晋时府治之西堂
37	伊导宅	伊导	宋	县西南孝义乡
38	潘希白宅	潘希白	宋	柳塘
39	林氏筠栖	林霁山	宋	—
40	薛氏庭园	薛叔似	宋	—
41	双桧堂	鲁君	宋	—
42	钱尧卿宅	钱尧卿	宋	白石
43	司理门	贾如规	宋	鹿迹岩之麓
44	南平别墅	赵百药	宋	县治西百余步
45	钱朝彦宅	钱朝彦	宋	白石
46	绿画轩	孙氏	宋	去玉箫峰二十里
47	王忠文宅	王十朋	宋	左原山
48	朝阳阁	刘忠肃	宋	郭路
49	盘谷精舍	王十朋	宋	盘古山
50	萱堂	陈傅良	宋	塘岙
51	赵园	赵彦昭	宋	—
52	萱竹堂	沈体仁	宋	瑞安北湖
53	宋之才宅	宋之才	宋	清泉乡
54	鳌山阁	—	宋	瑞安县西岘山
55	观潮阁	—	宋	—
56	御凤楼	张声道	宋	—
57	西园	—	宋	—
58	睦山堂	周茂良	宋	睦源
59	直谏堂	黄中	宋	松山
60	宝月堂	叶东叔	宋	南雁荡
61	迎坡阁	—	宋	平阳县坡南
62	鞍山斋	周行之	宋	马鞍山下
63	叶岭书房	蔡任	宋	昆山之阴白石巷
64	林景熙宅	林景熙	宋	昆山之阴白石巷

序号	园名	园主	朝代	园址
65	玉峰庐	徐元凤	宋	—
66	徐子云宅	徐子云	宋	木棉村
67	乡岩居士宅	徐横塘	宋	泗溪北溪
68	梅岩	林待价	宋	泗溪
69	幽慵斋	高则诚	元	—
70	清芬阁	娄镐	元	城西南隅
71	李孝光宅	李孝光	元	淀村
72	老松旧隐	松庐先生	元	许峰
73	筼筜书屋	季德玑	元	沙塘
74	白沙草堂	汤元善	元	—
75	碧山堂	许份	元	凤奥许峰
76	西枝草堂	谢泰来	元	坡南九凰西山
77	远山轩	何岳	元	瀛湖
78	静学斋	彭文明	元	鹏山
79	爱竹山房	蒋允汶	明	普安坊西
80	水北山居	叶伯旼	明	江北
81	还林书屋	金祺	明	南禅湖上
82	黄淮宅	黄淮	明	礫头河
83	御书楼	黄淮	明	礫头河
84	张文忠旧第	张璁	明	—
85	张氏园	张德少	明	—
86	来青园	—	明	瑶溪家庙后
87	富春园	—	明	罗峰书院侧
88	旸湖别墅	王叔杲	明	城南旸奥山麓
89	静宜阁	王叔杲	明	半山
90	玉介园（瓯隐园）	王澈、王叔杲	明	墨池坊
91	缭碧园	王叔果	明	—
92	芳洲	袁迁	明	城南三十里仙垟黄屿洲
93	淡斋	项维聪	明	城西南隅
94	太玉楼	王昭文	明	华盖山麓
95	山雨阁	何白	明	渚浦
96	梧竹书院	姜淮	明	华盖峰前
97	重恩堂	章纶	明	南阁

序号	园名	园主	朝代	园址
98	侯一元宅	侯一元	明	郑都
99	仙溪草堂	李经策	明	北阁仙溪
100	不负轩	—	明	—
101	藏书楼	章纶	明	—
102	八一轩	任道逊	明	集云山
103	茹芝馆	王西野、王西屏	明	—
104	友松堂	鲍起	明	城东山下
105	听松楼	林兴直	明	岭门
106	二此园（养素园）	刘煜	清	东公廨附近
107	一涉园	徐日久	清	罗山之阳
108	且园（其园）	高其佩	清	道署东隅
109	怡园（曾宅花园）	曾佩云、曾裔云	清	松台山东麓
110	依绿园（籀园）	曾儒璋	清	九山河畔
111	樊氏小园	樊云衢	清	欧城中
112	如园	张瑞溥	清	积谷山下
113	春晖园（谷宅花园）	谷兰仙	清	市区百里坊的谷宅前
114	陈宅花园（徐宅大屋、兰芬厅）	陈锵	清	马宅巷
115	周宅花园（涉园）	周雨生	清	谢池巷
116	于园（吕宅花园）	吕渭英	清	纱帽河
117	杨园	杨淡峰、杨远峰、昆仲	清	大简巷
118	松台别业	黄群	清	松台山下
119	玉海楼	孙衣言	清	瑞安市玉海街道道院前街
120	孙衣言宅	孙衣言	清	—
121	珠树楼	项付霖	清	午堤
122	海日楼	孙锵鸣	清	大沙堤
123	花信楼	洪炳文	清	城南柏树巷
124	陈宸黻宅	陈宸黻	清	城中会文里
125	尚志堂	叶嘉榆	清	慕贤西乡西塘
126	棣萼世辉楼	—	清	南雁山
127	大雅山房	—	清	下山清苏璠居
128	少有园	吴乃伊	清	夏口

第三节 苏州古典园林简史

一、起源期——春秋至两汉

苏州园林以自然山水和写意山水著称，其出现的年代几乎和苏州出现于史书的记载同时。唐代陆广微的《吴地记》中记载了吴地最早的苑囿——夏驾湖："夏驾湖，寿梦盛夏乘驾纳凉之处。凿湖为池，置苑为囿。"南宋范成大《吴郡志》则指出夏驾湖"在吴县西城下。吴王寿梦避暑，驾游于此，故名"。从上述文献的记载中，虽无法得知夏驾湖的规模和样式，但其临水而筑的特点已然显现，后世苏州园林注重以水点缀的构园布局思想，在此时已现端倪。

典籍中再次出现有关苏州皇家园林的记载，是在吴王阖闾之时。阖闾于公元前514年令伍子胥筑造阖闾城（即今苏州城）。《吴越春秋》有一段关于吴王阖闾休闲生活的描写："阖闾出入游卧，秋冬治于城中，春夏治于城外，治姑苏之台……兴乐石城，走犬长洲。"一段不长的文字，为我们留下了"姑苏台""石城""长洲苑"这几处吴国皇家苑囿的文字记载。

综上可见，2500多年前的春秋时期，在苏州不仅已经出现了临水建轩阁以观景的夏驾湖，还出现了高山筑台以眺望的姑苏台。此时的苏州皇家园林已具有自然山水形制的特点。这一特点的意义在于：作为苏州园林的滥觞，它从一开始就与西方规则图案式的园林有了泾渭分明的区别。同时，它对后世苏州的写意山水园林也必然产生了潜在的影响。

秦统一中国后，吴地的皇家园林在江南水多树茂等适宜造园的自然条件下，渐渐地转型为封建士大夫式的私家园林，并以这种形态延续下来。

二、定型期——魏晋时期

《三国志·吴书·刘繇太史慈士燮传第四》中曾附带记载了"笮融，丹杨人"。这位东汉时的笮大夫，在清道光年间顾震涛编纂的《吴门表隐》卷一中提到他在苏州的一处私家园林："迮家园在保吉利桥南。古名笮里，吴大夫笮融所居。"同治年间编纂的《苏州府志》录此条时作"笮家园"。从时间上讲，这座"迮家园"或"笮家园"当属苏州历史上最早的私家园林，而从笮融在东汉时曾为官来看，他无疑具备了造园的物质条件和知识条件。但该园在清道光、同治年间的记载与笮融生活的东汉时相距近 1500 年。这段未见诸其他典籍记载的历史空白使得后世的人们对其论述趋于谨慎，再加上笮融的知名度和东晋时期与吴地另一处私家园林"辟疆园"相关联的大书法家王献之不可相比，于是后世逐渐认同东晋时期名士顾辟疆所筑的"辟疆园"为苏州的第一座私家园林。

关于辟疆园，《晋书·王献之传》和刘义庆《世说新语》都记载了东晋大书法家王献之私闯辟疆园而遭"驱出门"的故事。北宋朱长文《吴郡图经续记》记载了辟疆驱客故事的同时，还指出该园"唐时犹在"，唐代诗人顾况"尝假以居"，但"今莫知其所"。南宋范成大的《吴郡志》指出了该园的规模"池馆林泉之胜，号吴中第一"，而关于该园的下落则也是"今莫知遗迹所在"了。由上可知，东晋名园辟疆园，到了唐代时易为任晦之园，到了宋代已无可觅其迹。

三、成熟期——宋元

北宋时期发生了庆历党争，苏州现存最早的宋代园林即与此有关。诗人苏舜钦（字子美），因卷入党争受牵连被贬，从北宋权力中心东京（今开封）被放逐而流寓到苏州后，见到城南有一个园子，并得知此园乃吴越国时吴越王钱俶的妻弟孙承佑的池馆，"爱而徘徊，遂以四万钱得之"，并"构亭北埼，号沧浪焉"（苏舜钦《沧浪亭记》）。这就是后世有"苏州四大名园之首"之称，同时也是苏州现存最古老的私家园林——沧浪亭。

宋代留存下沧浪亭，而建于元代的狮子林也幸运地留存了下来。狮子林始建于元至正二年（1342）。该园林的建造与一位从浙江来到苏州的天如禅师有着密切的关系。天如禅师出家后曾在天目山狮子岩师法中峰禅师，其后来到苏州建"菩提正宗寺"，后改为狮林寺。之所以定名"狮子林"，一是因为园中有许多起伏的怪石形如狮子，二是天如禅师师法的中峰禅师，曾结庐天目山狮子岩。这两座园林，历经沧桑岁月而保存下来，并作为苏州园林成熟期的标本和实物例证留存于世。

四、全盛期——明清

苏州园林经宋元时期的发展和成熟，到明清时已处于全盛时期。这一时期留下的拙政园、留园、网师园、环秀山庄，均列入了《世界文化遗产名录》。不仅如此，据统计，苏州府明代宅第园林有 337 处之多，清代有 215 处。这些数字，远远超过明清以前的历朝历代（表 2-4）。现存的苏州古典园林大部分是明清时期所建。

表 2-4　历代苏州私家园林统计

朝代	代表园林				
西晋	辟疆园				
唐、五代	孙园	任晦园	东庄	南园	陆山人楼亭
	花桥水阁	金谷园	凌处士庄		
宋代	张氏园池	梅都官园	隐圃	徐祐山亭	就隐
	复轩	环谷	石湖别墅	范家园	南村
	郭氏园	筠谷	双清亭	沈氏园	乐圃
	松石轩	贺铸别墅	章氏别业	砚石山庄	沧浪亭
	小隐堂	蜗庐	小狮林	藏春园	招隐堂
	同乐园	万华园	企鸿轩	五亩园	北园
	青云亭	养植园	西园	三瑞堂	五柳堂
	逸野堂	醉眠堂	漫庄	乐庵	
元	俞家园	藏春园	春锦园	绿水园	石涧书隐
	乐圃林馆	小丹丘	求志居	狮子林	万玉清秋轩
	团溪鱼乐	程园	叶园		
明	拙政园	艺圃	东园	塔影园	五峰园
	梅园	小吟香阁	东白草堂	南园	有怀堂
	管园	淡园	芳草园	有志园	桂花厅
	绿荫园	水竹庄	归氏园	竹梧园	东溪书舍
	晚圃	荒荒斋	月驾园	郑园	桐园
	石虹园	槐树园	无梦园	墨池园	东庄
	晚香林	止园	辟疆园	真如小筑	蔚溪草堂
	西楼	衡山草堂	香草垞	二株园	适适圃
	怡老园	小桃源	废园	桃花庵	桔林
	清举园	天平山庄	北园	半庚园	多木园

朝代	代表园林				
明	紫芝园	小隐亭	碧浪园	真趣园	竹亭
	西园	朱园	申园	列岫园	彩云庄
	梅隐	越溪庄	石湖别业	凝翠楼	聚邬草堂
	秀野园	石湖草堂	桴庵	紫薇精舍	涧上草堂
	得月亭	真适园	西坞书舍	赤山旧业	寒山别业
	徐园	周公瑕园亭、山庄			
清	洽隐园	留园	环秀山庄	遂园	怡园
	可园	鹤园	听枫园	拥翠山庄	曲园
	柴园	半园	残粒园	靖园	笑园
	芳草园	小辟疆园	薛家园	留卧园	种梅书屋
	朴园	种梅亭	洽园	花桥水阁	宝树园
	依园	雅园	养心园	凤池园	自耕园
	息园	秀野园	学圃草堂	卞培基园	春草闲房
	古柏轩	秋声馆	讴园	荆园	西园
	绿水园	退园	秋绿园	樵风别墅	照怀亭
	无梦园	朱绶园	红豆书庄	辟疆小筑	匠门书屋
	亦园	青芝草堂	蔚湄草堂	蔚水园	高酣亭
	娱辉园	成趣园	蒋氏园	东斋	三景园
	闲园	蒋双双园	扫叶庄	墨庄	乐园
	志圃	管尚忠园	五柳园	吴氏后园	童友莲园
	壶园	修园	之园	晖园	趣园
	二株园	破佛龛	香草垞	养闲草堂	鸥隐园
	即园	香禅精舍	萧家园	绣谷	沈太翁园
	赵园	归牧庵	抚松馆	叶家花园	谢氏园
	勺湖	徐氏园	清华园	萱园	艺芸书舍
	一榭园	丘南书屋	蒋氏塔影园	西溪别墅	白堤花隐
	一枝园	教忠堂	瑶碧山房	塔影山馆	阜东草堂
	茧村	绉云别墅	渔隐小圃	广居	三径小隐
	蘍园	怀幼阁	真如小筑	传经堂	乐饥园
	永言斋	陆孟启庐	碧玲珑馆	灵岩山馆	水木明瑟园
	潜园	浣雪山房	槃隐草堂	匠门书屋	庄蒙园

続表 2-4

朝代	代表园林				
清	竹啸园	澹园	慕家花园	邓尉山在	端园
	澄怀堂	守中堂	六浮阁	半研斋	耐久园
	然松园	遂初园	怡云山庄	息舫	玉遮山房
	丛云阁	雁里草堂	卧龙山房	春草间房	得雨堂
	耕渔轩	思翁别业	怀云阁	梦墨亭	壑舟园
	竹轩	凫溪渔舍	涉园	山塘小隐	梅花墅
	宝铁斋	郑景行南园	飞英堂	松筠堂	妙喜园
	戴园	止园			

2015—2018 年，苏州市政府先后公布了 4 批《苏州园林名录》，共收录 108 座园林（表 2-5）。

表 2-5 《苏州园林名录》（2015—2018）中收录的园林

序号	园名	园址	序号	园名	园址
1	拙政园	东北街 178 号	11	网师园	阔家头巷 11 号
2	留园	留园路 338 号	12	环秀山庄	景德路 272 号
3	沧浪亭	沧浪亭街 3 号	13	北半园	白塔东路 60 号
4	狮子林	园林路 23 号	14	柴园	醋库巷 44 号
5	艺圃	文衙弄 5-7 号	15	残粒园	装驾桥巷 34 号
6	耦园	小新桥巷 5-9 号	16	遂园	景德路 303 号
7	曲园	人民路马医科 43 号	17	塔影园	山塘街 845 号
8	天香小筑	人民路 878 号	18	朴园	高长桥 8 号
9	织造署旧址	带城桥下塘 18 号	19	万氏花园	王洗马巷 7 号
10	北寺塔	人民路 652 号	20	拥翠山庄	虎丘景区内

· 42 ·

序号	园名	园址	序号	园名	园址
21	寒山寺	寒山寺弄 24 号	38	南半园	仓米巷 24 号
22	五峰园	五峰园弄 15 号	39	慕园	富仁坊巷 72 号
23	西园	留园路西园弄 18 号	40	吴家花园	东小桥弄 3 号
24	惠荫园	南显子巷 18 号	41	绣园	马医科 27 号
25	听枫园	庆元坊 12 号	42	燕园	常熟市辛峰巷 8 号
26	怡园	人民路 1265 号	43	曾园	常熟市翁府前 7 号
27	畅园	庙堂巷 22 号	44	赵园	常熟市翁府前 7 号
28	可园	人民路 708 号	45	兴福禅寺	常熟市寺路街 108 号
29	鹤园	韩家巷 4 号	46	松梅小圃	常熟市沙家浜镇唐市片区王家山
30	方塔园	常熟市环城东路	47	保圣寺	吴中区甪直镇
31	南园	太仓市城厢镇南园东路 7 号	48	高义园	天平山南麓天平山风景区内
32	张厅	昆山市周庄北街 38 号	49	寒山别业遗址	天平山西北面
33	退思园	吴江区同里镇新填街 234 号	50	石佛寺	石湖茶磨山下
34	师俭堂锄经园	吴江区震泽镇宝塔街 12 号	51	聚沙园	常熟市梅李镇梅东路 1 号
35	耕乐堂	吴江区同里镇西上元街陆家埭 127 号	52	读书台	常熟市虞山东南麓石梅街
36	陶氏花园	盛家浜 8 号	53	拂水山庄	常熟市虞山镇环湖南路尚湖风景区内
37	雷氏别墅花园	庙堂巷 8 号	54	翁家花园	常熟市虞山镇书院街 1 号常熟市第一人民医院内

续表 2-5

序号	园名	园址	序号	园名	园址
55	墨园	人民路 2114 号苏州阀门厂内	71	倚晴园	常熟市北门大街 45 号虞山公园内
56	顾氏花园	申庄前 4 号	72	顾炎武故居	昆山市千灯镇南大街 52 号
57	双塔影园	官太尉桥 15、17 号	73	恬庄榜眼府	张家港市凤凰镇恬庄古街
58	詹氏花园	阊邱坊 4、6 号	74	枫华园	张家港市暨阳路与公园路交界处沙洲公园内
59	唐寅故居遗址	西大营门双荷花池 13 号	75	先蚕祠花园	吴江区盛泽镇蚕花路 126 号
60	渔庄	石湖渔家村	76	珍珠塔园	吴江区同里镇石皮弄 16 号
61	严家花园	吴中区木渎镇羡园街 98 号	77	环翠山庄	吴江区同里镇大叶港畔
62	启园	吴中区东山镇启园路	78	静思园	吴江区云梨路 919 号
63	古松园	吴中区木渎镇山塘街 23 号	79	明轩实样	白塔东路 1 号东园内
64	万景山庄	山塘街山门巷 8 号虎丘山风景名胜区东南麓	80	端本园	黎里镇中心街 68 号大观弄底
65	西溪环翠	山塘街山门巷 8 号虎丘山风景名胜区西南麓	81	南社通讯处旧址	黎里镇浒泾南路 28 号
66	一榭园	山塘街山门巷 8 号虎丘山风景名胜区北	82	尚志堂吴宅	西北街 88 号工艺美术馆
67	一枝园	枫桥路枫桥风景名胜区江枫洲内	83	全晋会馆	平江路中张家巷 14 号
68	师俭园	马大箓巷 37 号	84	苏州博物馆花园	东北街 204 号
69	南石皮记	南石皮弄 4 号	85	忠王府花园	东北街 204 号
70	玉涵堂	山塘街东杨安浜 6 号	86	墨客园	平江路大新桥巷 10 号

序号	园名	园址	序号	园名	园址
87	铜观音寺花园	吴中区光福镇下街38号	98	揖秀园	吴趋坊79-1号
88	司徒庙后花园	吴中区光福镇香雪村福湖路	99	延林园	西北街50号（竹之苑）31幢
89	榜眼府第	吴中区木渎镇下塘街32号	100	芥舟园	吴中区金庭镇东蔡村秦家堡
90	虹饮山房	吴中区木渎镇山塘街56号	101	石湖梅圃	吴中区上方山森林公园内
91	瑞园	吴中区太湖度假区香山街道舟山村99号	102	嘉树堂	吴中区东山镇金嘉巷18号
92	小筑春深	吴中区临湖镇临湖路999号太湖园博园内	103	维摩精舍	吴中区金庭镇金庭路5号
93	灵岩山寺花园	吴中区木渎镇灵岩山寺内	104	惠和堂	吴中区东山镇陆巷古村内
94	乡畦小筑	吴中区木渎镇天灵路98号天邻风景花园内	105	怀古堂	吴中区东山镇陆巷古村内
95	道勤小筑	吴中区东山镇杨湾寺前村	106	宝俭堂	吴中区东山镇陆巷古村内
96	醉石山庄	吴中区东山镇槎湾和杨湾之间环山路	107	东山雕花楼	吴中区东山镇紫金路58号
97	后乐园	相城区阳澄湖镇凤阳路5号	108	雕花楼（仁本堂）	吴中区金庭镇堂里村

明清时期，苏州园林兴盛的原因如下：

第一，明清时期，苏州成为江南地区的行政中心，是苏州园林发展兴盛的政治条件。苏州在明代是江南巡抚的常驻之地，在清代是江苏巡抚和江苏布政使所在地，由此可见苏州的重要性。

第二，明清时期，苏州经济发展迅速并成为全国著名的工商业中心，是苏州园林发展兴盛的物质条件，经济的繁荣促进了苏州园林的发展。

第三，明清时期，苏州的教育水平在全国处于领先地位，成为苏州园林兴盛发展的人才条件。与园林有关的人才，包含两个不同层面。其一为造园的主体，即园主。除前述物质条件外，园主的知识、修养在其中起重要作用。以现今列入《世界文化遗产名录》的9座苏州园林来看：拙政园系明弘治年间苏州进士王献臣建；艺圃与明天启年间的苏州状元文震孟有着较深渊源；环秀山庄与明代的苏州状元宰相申时行、清代的状元毕沅都有关系；耦园系清咸丰进士，官至安徽巡抚，署两江总督的沈秉成建造；退思园与清光绪时曾授资政大夫、赐内阁学士的吴江同里人任兰生有着直接的关系……此外，苏州现今开放的怡园，系清代浙江宁绍道台的顾文彬在明代苏州状元吴宽的宅园故址上重建的；而曲园原为清乾隆年间苏州状元潘世恩的宅第，后清道光进士、国学大师俞樾致仕后到苏州重建。这些园主较高的人文素养和他们的宦海浮沉，为苏州园林增加了涵养。其二是与园林有关的人才，包括造园者、造园理论的提出者，以及"香山帮"造园工匠群体。明清时期，随着苏州园林的日益兴盛，造园理论在实践的基础上应运而生，又反过来指导着园林实践。吴江人计成的《园冶》可以说是中国历史上第一部由经验上升为造园理论的著作，也是世界上最古老的一部造园学名著。文震亨所著的《长物志》也属于造园理论著作，该书内容广泛，包括造园理论著述和造园作品等诸多方面内容。同时，该书还把书画的艺术原理融会贯通地运用到造园艺术的设计之中。这两部皆为出于苏州人手笔的园林巨著，既总结了明代以前的苏州造园经验，又指导着明代以后特别是清代的造园实践。造园也离不开建筑工匠，苏州诞生了名为"香山帮"的集木作、水作、砖雕、木雕、石雕等多种工种于一体的工匠群体。而历朝历代在苏州建设的大量朱门宅第、山水园林，更为"香山帮"的工匠提供了用武之地。

第四，明清时期，苏州文化全面发展，高度发达，在全国居于极为突出的地位，从而成为全国的文化艺术中心，是苏州园林发展兴盛的文化条件。很多文化艺术的发展，都直接或间接地对苏州园林艺术产生了影响。

第四节 扬州古典园林简史

一、起源期——西汉至南北朝

相传夏禹在扬州建有浮山亭（那时扬州尚未筑城），当是指上古九州之一的扬州，但只能作为传说。在西汉近 200 年的历史中，扬州先后作为吴王、江都王、广陵王的都城，筑有王宫林苑。西汉吴王刘濞曾在北郊雷陂（又称雷塘）之畔筑有钓台。南朝宋时的鲍照在《芜城赋》中抚今追昔，描述汉吴王刘濞建都广陵，筑有钓台的宫廷苑囿，虽不详尽，但毕竟属宫廷苑囿之建筑，可称为扬州园林之始。提到广陵在它的全盛时期曾有"重关复江之隩，四会五达之庄"，说明最迟在公元前 150 年，扬州就有了规模较大的园林式建筑了。在这之前，扬州已具备了造园的技术条件，也是不难想象的。

魏晋南北朝时期，思想的开放给园林发展带来很大影响，这一时期可以说是中国古典园林的发展转折时期。扬州园林的发展受到这一时期皇家园林的影响，城市型私家园林出现，而此类园林多为贵戚、官僚所经营，为了争奇斗富、满足奢侈生活的需求，他们十分讲究山池楼阁的华丽格调，并且追求一种近乎奢靡的园林景观。南朝宋元嘉二十四年（447），南兖州刺史徐湛之在广陵（即扬州）蜀冈之"宫城东北角池侧"建造的园林，便是典型的城市型私家园林。

南北朝时期还有一座重要的园林景点建筑对扬州园林的发展产生了较大的影响，这便是吴公台。吴公台，又称"鸡台"，是南朝陈将吴明彻进攻广陵时在城外所筑的高台。据《舆地纪胜》记载："吴公台，《元和郡县志》云，在江都县北四里。"到隋代，吴公台成为一个成熟的景点，隋炀帝常在此游览。唐代诗人刘长卿《秋日登吴公台上寺远眺》曰："古台摇落后，秋日望乡心。野寺人来少，云峰水隔深。夕阳依旧垒，寒磬满空林。惆怅南朝事，长江独至今。"此诗描写了诗人在安史之乱后登吴公台所见的萧瑟荒凉的景象。吴公台的景观价值，一方面在于它山水相映的景观面貌，另一方面则在于它所承载的历史记忆。吴公台作为较早见于历史记载的景点，在扬州园林发展史上具有一定的标志性意义。

这一时期，扬州园林的另一重要形态也得以发展，那便是寺庙园林。当时佛道盛行，在扬州也不例外，如建于南朝宋孝武帝大明年间的大明寺便是典型代表。此类寺庙不仅是举行宗教活动的场所，也是公共活动的中心，各种宗教节日、法会、斋会等都吸引大量百姓参加，百姓在参加宗教活动、观看文娱表演的同时，也能游览寺庙园林。

二、发展期——隋至元

隋大业元年（605），隋炀帝下令开凿京杭大运河，并三下扬州，"欲取芜城作帝家"，遂在扬州大造宫苑。据《寰宇记》载："十宫在江都县北五里，长阜苑内，依林傍涧，高跨冈阜，随城形置焉。曰归雁、回流、九里、松林、枫林、大雷、小雷、春草、九华、光汾。"关于长阜苑及十宫的具体情况，文献语焉不详，隋末毁于兵火，到唐代遗址尚存。这一时期，宫廷苑囿的发展达到扬州园林史上的最高点。

在唐代，扬州是当时最大的商业中心之一，经济和文化空前繁荣。当时的扬州城郭巍峨，亭台星布，河渠四达，帆樯如云，堤柳如烟，树木葱茏，街灯辉列，市井相连。地利和天时使扬州成为我国最早开展对外贸易和文化交流的城市之一。诗人徐凝在《忆扬州》中云："天下三分明月夜，二分无赖是扬州。"经济和文化的高度繁荣，促使园林的发展日益兴盛，除官衙园林外，又出现了私家竞造园林的风气。

见于文献著录的私家园林以裴氏"樱桃园"最负盛名。唐李复言撰的《续玄怪录》中有一篇叫《裴谌》，说贞观中（627—649）有一位姓裴的药商，在唐代二十四桥之一的青园桥东有住宅名"樱桃园"，这座住宅"楼阁重复，花木鲜秀，似非人境。烟翠葱茏，景色妍媚，不可形状"，很有些气势。

经初步考证，唐代扬州私家园林约有32处。据《全唐诗》，有张十宅、常氏园、裴氏园、黄公园、郑氏园、张仓曹宅、窦常宅、萧庆中宅、贺若少府宅、王播别业、崔秘监别墅、郑明府宅、殷德川宅13处。据《全唐文》，有崔行军水亭、颜氏宅两处，另有窦常宅，在《全唐诗》中已计入。据《太平广记》，有杜子春宅、冯俊宅、韦弇宅、赵旭宅、王慎辞别墅、李藩宅、李令宅、周师儒宅、吕用之宅、张司空宅、周济川别墅、万贞宅、王愬宅、康平宅、毕生宅、淳于棼宅、李禅宅17处。

唐代扬州出现的另一重要的园林形式便是公共园林，一般作为文人名流聚会宴饮、民众游憩交往的场所。清嘉庆年间重修的《扬州府志·古迹一》中记载了几处由官府兴建的公共园林，其中的赏心亭"连玉钩斜道，开辟池沼，并葺构亭台""郡人士女，得以游观"。

宋代扬州园林成熟的标志之一便是寺庙园林的发展与成熟，最为著名的便是欧阳修对平山堂的营造。庆历八年（1048），欧阳修任扬州知府，在蜀冈中峰大明寺西南角营建平山堂，"过江诸山到此堂下，太守之宴与众宾欢"，并在堂前种植柳树（后称"欧公柳"）。平山堂至今还悬有"坐花载月""风流宛在"匾额，追怀欧公轶事。

宋代的扬州园林除寺庙园林外，还有官衙园林，特别是官衙里设有"郡圃"。南宋宝祐五年（1257），贾似道以两淮制置使镇守扬州，于州宅之东重建郡圃，官衙园林自此规模日益壮大。这座郡圃每当"春日卉木竞发""游观者不禁"，向平民开放到春尽乃止，大为改变了过去禁苑的做法，这可以说是官家园林的一大进步。

宋代私家园林虽不如唐代兴旺，但也迭见文献著录。从史籍记载来看，此时的扬州园林已经和过去的宫廷园林、官衙园林风格大有不同，跨入了山水园林的阶段。此外，随着"花石纲"事件的发生，一些珍奇的湖山峰石开始在扬州园林中出现，现时小金山内还存有自然形成的船形太湖石一方，据传是宋徽宗赵佶花石纲的遗物。

总之，两宋时期，扬州多种类型的园林得到了广泛的发展，其营造技艺臻于成熟，艺术水平达到前所未有的高度。

元代，扬州园林不仅官家园林寥落，而且私家园林的胜迹也到了屈指可数的地步。比较著名的园林有江山风月亭、明月楼、居竹轩、平野轩等。此时，受画风的影响，扬州园林主题以平远山水或单一题材为主，如平野轩即是以"平野风烟望远"为主题的园林。

三、复兴期——明代

明代初叶，扬州经济复苏。明代中叶以后，扬州的商人将所获得的大量资金，除了花在奢侈的生活上之外，还大规模地建造园林和住宅。由于水路交通的便利，徽商的到来带来了徽州的建筑匠师，使徽州的建筑手法融合在扬州建筑艺术之中。

各地的建筑材料及附近的苏州"香山帮"匠师，更由于舟运畅通，源源不断地到达扬州，使扬州的园林建筑艺术更加增色。

明代的扬州园林复兴，见于著录者甚多。绝大部分是建在城内及附近城郭的私家宅园和游憩园，郊外的别墅园还不多见。这些大量兴造的"城市山林"开启了扬州园林的大规模复兴，并把扬州的造园艺术推向一个新的境界。明末扬州望族郑氏兄弟的四座园林——郑元勋的影园、郑元侠的休园、郑元嗣的嘉树园、郑元化的五亩之园，均被誉为当时的江南名园。其中，规模较大、艺术水平较高的当推休园和影园。

明代复兴的园林构筑，有简有繁。简者，一园一景，重在意趣；繁者，一园多景，构筑复杂，在有限的空间里，布局众多的山水胜境，给人以无限的感觉。

除郑氏兄弟的四大名园外，明代见诸著录的扬州名园，有皆春堂、江淮胜概楼、竹西草堂、康山草堂与行台西圃以及荣园、小东园、乐庸园、偕乐园等。明代扬州园林的复兴，为清代大兴筑园之风提供了条件。

四、极盛期——清代

清代，扬州设立两淮盐运使，全国各地盐商云集扬州。盐商是商人中最富有的人，生活奢侈，挥金如土，不惜巨资竞相修造邸宅、园林。康熙帝与乾隆帝六下江南，驻跸扬州，扬州官僚、盐商为迎合帝王宸游，赋工属役，增荣饰观，楼台画舫，十里不断，有"扬州园林甲天下"的隆誉。在《扬州画舫录》中，清人李斗评述道："杭州以湖山胜，苏州以市肆胜，扬州以园亭胜，三者鼎峙，不分轩轾。"

康熙年间（1661—1722），扬州先后建有王洗马园、卞园、员园、贺园、冶春园、南园、筱园和郑御史园八大名园，其中除郑御史园为前代影园，其余均沿历代城池护河城（即瘦西湖）两岸而建，形成湖上园林。王洗马园建于旧城北门外问月桥西，卞园、员园建于瘦西湖小金山之后，贺园建于瘦西湖南岸、莲性寺东，冶春园建于瘦西湖大虹桥西岸，筱园建于平山堂水道西岸。

乾隆年间（1736—1795），园主更别出心裁，争宠斗异，在康熙年间所建八大名园基础上，又在沿湖两岸"随形得景，互相因借"，陆续建园，以供乾隆帝"品题湖山，流连风景"。据《扬州画舫录》记载，十九年间，瘦西湖上形成二十景：

卷石洞天、西园曲水、虹桥揽胜、冶春诗社、长堤春柳、荷蒲熏风、碧玉交流、四桥烟雨、春台明月、白塔晴云、三过留踪、蜀冈晚照、万松叠翠、花屿双泉、双峰云栈、山亭野眺、临水红霞、绿稻香来、竹楼小市、平冈艳雪。1765 年后，复增绿杨城郭、香海慈云、梅岭春深、水云胜概四景，合称二十四景（图 2-2）。

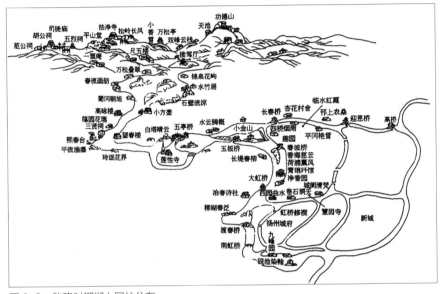

图 2-2　乾隆时期湖上园林分布

　　乾隆盛世时，湖上园林"两堤花柳全依水，一路楼台直到山"，至嘉庆八年（1803），因盐业渐衰，造园故家大多中落，"楼台倾毁，花木凋零"。嘉庆二十四年（1819），"荒芜更甚"，湖上园林一蹶不振，住宅园林反而稍有复苏。嘉庆二十三年（1818），两淮商总黄至筠在东关街构筑个园，"主人性爱竹，盖以竹本固"，取宋代文豪苏东坡"宁可食无肉，不可居无竹；无肉使人瘦，无竹令人俗"的诗意。园中遍植翠竹，因竹叶形似"个"字，故名个园。个园以春、夏、秋、冬四季假山著称，到处呈现出一幅幅气宇不凡的山水画面。造园者别具一格地应用"春山宜游，夏山宜看，秋山宜登，冬山宜居"的画理，分峰用石，以石斗奇的手法，分别用石笋石、太湖石、黄石、宣石堆叠成四季假山，虽属假山，却有真山意境，峰峦洞曲，峭壁悬崖，盘道飞梁，气势磅礴。

嘉庆年间的私家园林还有包世臣所筑小倦游阁、刘文淇所筑清溪旧屋、钟保岐所筑蔬圃、罗两峰所筑朱草诗林。道光年间，有包松溪在南河下街所建的棣园、阮元所筑小云山馆、魏源所筑絜园、陈仲云所筑伊园等。

同治、光绪年间（1862—1905），湖北汉黄德道台何芷舠于同治元年（1862）开始，历时13年于光绪元年（1875）建成寄啸山庄。寄啸山庄又名何园，取陶渊明"倚南窗以寄傲""登东皋以舒啸"之诗意，以寄托他超尘绝俗的傲世之情。

光绪年间，扬州还相继筑有卢氏意园、魏氏逸园、梅氏逸园、卞氏水松隐阁、贾氏庭园、蔡氏退园、刘氏刘庄、陈氏金粟山房、许氏飘隐园、方氏梦园、徐氏倦巢、臧氏桥西别墅、周氏小盘谷、江西盐商集资所建庚园、方氏容膝园、毛氏园、员氏二分明月楼、魏氏魏园、华氏园、熊氏园、珍园、扬州商界集资公园、李氏小筑、刘氏小筑等，但多趋向小型化。

历代扬州私家园林和现存扬州私家园林汇总见表2-6、表2-7。

表2-6 历代扬州私家园林统计

朝代	代表园林
晋	芙蓉别墅
隋唐	郝氏园、席氏园、樱桃园
宋	丽芳园、新园、方花园、梅园、壶春园、东园、朱氏园等
元	崔氏别墅、平野轩、居竹轩
明	影园、休园、嘉树园、五亩之园、皆春堂、江淮胜概楼、竹西草堂、康山草堂、西圃、荣园、小东园、乐庸园、偕乐园等
清	何园、片石山房、万石园、柘园、乔氏东园、存园、筱园、白沙翠竹江村、纵棹园、小玲珑山馆、贺氏东园、九峰园、可园、秋雨庵、水南花墅、淑芳园、南庄、黄园、榆庄、宜庄、梅庄、锦春园、康山草堂、徐氏园、易园、随月读书楼、秋声馆、驻春园、静修养俭之轩、容园、双桐书屋、倚山园、纻秋阁、秦氏意园、安氏园、平冈秋望、江氏东园、竹西芳径、邗上农桑、丰市层楼、绿杨城郭、罗园、勺园、卷石洞天、西园曲水、倚虹园、梅岭春深、长堤春柳、净香园、冶春诗社、桃花坞、趣园、白塔晴云、春台祝寿、听箫园、筱园、蜀冈朝旭、万松叠翠、石壁流淙、锦泉花屿、个园、朴园等

表2-7　现存扬州私家园林一览表

序号	园名	园址	基本概况
1	个园	盐阜东路10号	以春景作为园林开篇，园内楼台、花树映现其间，引人入胜。四季假山各具特色，旨趣新颖，结构严密，是中国园林的孤例，也是扬州最负盛名的园景之一
2	何园	徐凝门街77号	建筑面积超7000 m^2，占园林面积的50%以上，密度极高，反映出清后期园林建筑过多的特点。全园可为东园、西园、园居院落、片石山房四个部分，以两层串楼和复廊与前面的住宅连成一体
3	萃园	文昌中路157号	园中筑草亭五座，1918年间园内有"息园""眺雪楼""衡园"
4	匏庐	东关街396号	中进为观乐堂，后进为庆远堂，园内有古井
5	蔼园	丁家湾118号	现有房屋三进90余间，楠木厅硬山顶，磨砖雕门楼
6	冶春园	丰乐下街8号	现存有水绘阁、香影廊、码头、冶春茶楼、问月山房
7	珍园	文昌中路492号	有临水小轩、湖石假山、回廊、四方亭
8	贾氏庭园	大武城巷1-5号	住宅分东、西两条轴线，东部为四进
9	怡庐	嵇家湾3号-2	分东、西两个院落，西小院院中南、北两面相对筑有小屋，北额"藏拙"，南额"寄傲"，统称"两宜轩"。其东院有三间书斋
10	冬荣园	东关街98号	现存雕花门楼，花厅、住宅各一进
11	壶园	东圈门22号	宅东为花园，有假山、亭台、曲桥、方池、间植花木
12	华氏园	斗鸡场4号	东园西宅，住宅较为完整
13	刘庄	广陵路272号	建筑布局为前宅后园，宅后有大小花园四座
14	汪氏小苑	东圈门14号	建有"可栖""小苑春深""迎曦"等庭园
15	蔚圃	风箱巷6号	园北有南向花厅三间，厅前两侧有短廊，院落不大
16	逸圃	东关街356号	园林与住宅并排，形成上下错综、左右参差、境界多变的园林
17	八咏园	大流芳巷29号	园在住宅西，南为亭林，北为山林

第三章
江南古典园林的名园赏析

　　中国古典园林发展源远流长，具有三千多年的历史，其中的著名园林（简称"名园"）不胜枚举。1961年，国务院公布了第一批全国重点文物保护单位，这份名单中的古典园林有4处，分别为江苏省苏州市拙政园、北京市海淀区颐和园、河北省承德市避暑山庄、江苏省苏州市留园，它们被公认为中国最优秀的园林建筑。1992年的《人民日报（海外版）》上，曾刊登过一篇关于中国旅游的文章，文章内容以介绍中国的园林为主，在末尾又重新列出"中国四大名园"，即北京颐和园、承德避暑山庄、苏州拙政园、扬州个园。从此，"中国四大名园"有了明确的官方说法。此外，民间还流传着"江南四大名园"（南京的瞻园，苏州的拙政园、留园，无锡的寄畅园）和"苏州四大名园"（建于宋代的沧浪亭、建于元代的狮子林、建于明代的拙政园、建于清代的留园）等说法。本章列举杭州、温州、苏州、扬州四地的名园各两个，图文并茂地详细阐述名园的历史沿革、总体布局、造园特色和趣闻轶事，从而探索江南古典园林的艺术造诣。

第一节　杭州古典名园

一、郭庄——冠绝西湖，雅洁有致

郭庄现为浙江省省级文物保护单位，是杭州目前极少数保存较为完整的古典私家园林之一，被誉为"西湖古典园林之冠"，与刘庄、汪庄和蒋庄并称为"西湖四大名园"，素有"不到郭庄，难识西湖园林"之说。庄内景苏阁正对苏堤，可观外湖景色。建筑大师童寯先生的《江南园林志》一书称其"雅洁有致似吴门之瞿园（网师园），为武林池馆中最富古趣者"。

（一）历史沿革

郭庄位于西湖西岸杨公堤卧龙桥以北，原为绸商宋端甫于清光绪三十三年（1907）所建，是宋氏祠堂所在地，曰"端友别墅"，俗称"宋庄"。民国年间，宋家败落，端友别墅曾被抵押给清河坊孔凤春粉店，后卖给自称唐代郭子仪之后的郭士林，改名为"汾阳别墅"，俗称"郭庄"。1950年后，郭庄移作他用，此时园内的建筑与园林已经荒芜。1989年10月，郭庄由园林部门接手整修，在著名园林学家陈从周教授的指导下，由陈先生的高足、时任杭州园林设计院总工程师的陈樟德先生主持，按"修旧如旧"原则复其旧貌，1991年10月1日重新开放（图3-1）。

图3-1　郭庄鸟瞰

（二）总体布局

郭庄分为静必居和一镜天开两部分（图3-2）。静必居为宅园部分，是主人居家、会客之场所，室内陈设精致典雅，古色古香；一镜天开为园林部分，这里曲廊环绕、小桥流水、假山叠石、花木簇拥。郭庄园林的布局包含两条景观视线：一条是由景苏阁向外延伸、与西湖苏堤第三桥相呼应的景观视线，另一条是郭庄内部园林景观的观赏视线。前者产生向外的视线轴线，此轴线最精妙之处在于借景西湖，扩大郭庄的园林空间，使郭庄景观延伸到西湖之中，与西湖景观融为一体。后者由内部建筑构成向心轴线，形成内院多空间、多视点，呈连续性变化的向心对景；无穷的景、无穷的意闪烁其间，层层辉映，形成意境独具魅力而分外赏心悦目的美。整个郭庄以水为中心，园内的内外水池毗邻西湖，相互交融，以借景手法使景物更加美不胜收，这也是郭庄有别于苏州园林最明显的地方。

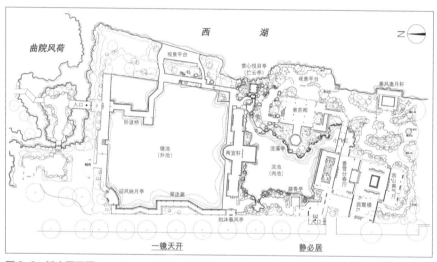

图3-2　郭庄平面图

步入郭庄，先见静必居，后入一镜天开。进门经复廊几经迂回到正厅，上悬匾额"香雪分春"。这是一座颇具浙江民居特色的四合院，左右厢房和后堂构成一小院，院中清一色的石板铺装，中间是一个用石板、栏杆围成的方池，池中涓涓细流不断，形成江南民居特有的恬静气氛。园中的曲廊、池阁、后山、石桥构成了一幅精致的景色。湖畔的乘风邀月轩，敞门临湖，正对六桥烟柳，揽尽湖光山色。晴日月夜，确有乘风邀月之妙趣。假山上的赏心悦目亭，居高临下，四周湖山秀色尽收眼底，令人心旷神怡。相邻的一处佳景，是两层楼的景苏阁，原是绣楼，面向苏堤压堤桥，背后有宁静雅致的花园。此处也是庭园的主体建筑，楼下是主人下棋弹琴场所，楼上陈列着文房四宝，是当年主人咏诗作画的地方。矮墙月洞门两面的匾额分别题为"枕湖""摩月"（图3-3）。通过月门透视，可见葛岭，如画中一般，倍添人们的兴致。跨出月门，便是船坞，引人上船，去畅游西湖美景。回首再看郭庄，绿云掩映下，粉墙、黛瓦、假山、池阁若隐若现，宛似仙境。

图3-3　月洞门"枕湖""摩月"匾额

（三）造园特色

1. 选址江湖，自得清净

俞樾在《宋氏祠堂联》中写道："祠在西湖卧龙桥畔，乃里六桥之一也……曲港金沙、长桥玉带、葱茏佳气到云仍。"可见明清时期的郭庄东临西里湖，南濒卧龙桥，西靠杨公堤，北接曲院风荷，其选址是极为讨巧的江湖地（图3-4），不仅地理位置优越，四周景色宜人，能将西湖美景纳入园中，而且能够因地制宜地将西湖之水引入园内加以利用。陈从周先生在其《重修汾阳别墅记》中写道："园外有湖，湖外有堤，堤外有山，山外有塔，西湖之胜汾阳别得之矣。"与苏州沧浪亭虽临小河却依旧高筑园墙、自成天地不同，郭庄的园主人尤其懂得利用地理位置的优越性。对于郭庄而言，单纯将西湖全景作为全园主景有些过于单一，缺乏层次感。因此郭庄在手法上，用围墙"屏蔽"了部分西湖，只选取几个点观赏西湖（图3-5），分别是北面园区的观景平台、赏心悦目亭、景苏阁外观景平台和乘风邀月轩（图3-6、图3-7）。所选四个点的观景形式，高低俯仰各不相同。如此处理，既发扬了相地之所长，在山水间求私家园林的安静氛围，又克服了用地之短，避免了完全以东面的西湖为借景的单调无聊。园小乾坤大，其选址可谓是功不可没。

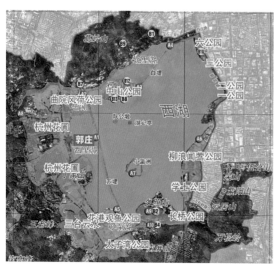

图3-4 郭庄在环西湖公园绿地中的位置

图3-5 郭庄的借景视线

图3-6 从郭庄四个观景点看西湖

乘风邀月轩　　　　景苏阁外观景平台　　　　赏心悦目亭　　　　"园"区观景平台

图 3-7　从西湖看郭庄

2. 布局大气，宅园分离

郭庄整体布局大气，建筑密度适中，以两宜轩为分隔，是典型的前宅后园的形式，南面为宅，北面为园。宅区作为整个园林的入口，其南面建筑密集，是主人居家、会客之场所，其中浣池模仿自然形态而建，池岸曲折蜿蜒，池边堆砌太湖石，与苏州私家园林十分相似（图 3-8）。苏南园林造园都以建筑为主，留园、拙政园、网师园等名园的入口皆为主体建筑的入口，经过曲折迂回的廊道才能一窥其中的园林，属园宅一体。然而，郭庄较为与众不同的是，以两宜轩为界，南面似传统苏州园林布局，北面却浑然不同。

静必居

图 3-8　以浣池为中心的郭庄宅区

北面园区意图营造一种天然大气的感觉（图3-9）。一方面，是其中建筑围绕镜池排布，建筑布局较宅区更为疏朗。在平面形式上，虽不如苏南园林一般追求平面的迂回曲折，但为追求空间层次的多变，郭庄布局注重高低错落的变化，两宜轩、如沐春风亭、翠迷廊、迎风映月亭以及最南面的赏心悦目亭，组成了郭庄丰富的布局层次。另一方面，镜池是园区的中心，镜池形状较为规整，陈从周先生指出："苏南之园，其池多曲，其境柔和。宁绍之园，其池多方，其景平直。"方池是两宋以来受到道家阴阳五行思想中"天圆地方"思想（方池象征地，池内圆形岛屿象征天）和儒家理学思想的影响（方池象征理之所在）而形成的。到了明末时期，苏南地区受造园家"以小见大"的审美思想影响较深，逐渐地转方为曲。然而在浙北地区，仍然保留了对方池的审美，比如绍兴园林中的兰亭、快园、朱家花园遗址、鲁迅故居、青藤书屋中均有方池。在郭庄中，方池和曲池兼具，疏密得当，就是最好的例证。郭庄镜池边上的景物，有层次地倒映在水面，水天一色，扩大了空间视觉效果，更显北面园区布局之大气。可见郭庄在造园之初就不苛求曲折，而是带有南宋朱熹诗中"半亩方塘一鉴开，天光云影共徘徊"的上升至理学的思想。

图3-9 以镜池为中心的郭庄"园"区

3. 空间流动，步移景异

浙派古典园林的空间主要靠廊道来完成序列的连通。郭庄园林的空间组合在序列的设计上突破了场地的物质边界，通过廊道的连接变化，达到了"流动空间"的效果，有效地丰富了场地与周边环境之间的空间关系。其中有三处廊道非常关键且特殊，它们都运用了廊道空间的延伸与渗透手法，为原本有限的园林空间提供了更为丰富的层次感，将真实的景观转化为一幅幅古朴雅致、恬淡安谧的古典庭院画卷。

①郭庄西门主入口处的复廊。游览路线是：入口石库门→月洞门→庭院小景→复廊（图3-10）。廊的中部是开着花窗的隔墙，两侧是廊道，分别为朝向宅院的通道和朝向内池水院的游廊，形成两种截然不同的空间效果。复廊两端分别是凝香亭和香雪分春厅的回廊。

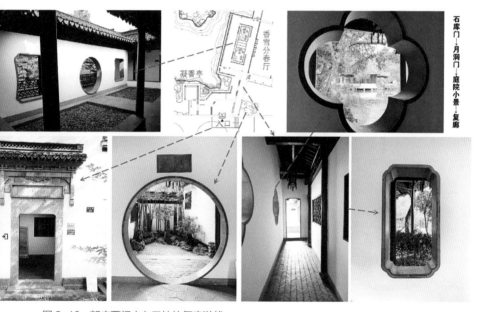

图3-10　郭庄西门主入口处的复廊游线

②景苏阁南侧的卷舒自如廊道。游览路线是：主入口复廊内侧廊道→香雪分春厅→回字形轩廊→卷舒自如廊（图3-11）。天井与回廊之间设有墙体遮挡，墙上有月洞门和两个漏窗，可欣赏到一幅幅绝美的框景。

主入口复廊内侧廊道→香雪分春厅→回字形轩廊→卷舒自如廊道

图 3-11　景苏阁南侧的卷舒自如廊道游线

　　走出轩廊东面的洞门，一处种满梅花的庭院豁然出现在眼前。一泓清流，上架小飞虹廊桥，桥东便是书有"卷舒自如"木匾的连廊。连廊连通四个方向的道路，但又没有采取简单的十字交叉方式，而是向北延伸与景苏阁相连。景苏阁南面山墙外设了一个方形小景，弱化了山墙高耸突兀之感。白墙红枫，绿叶碧波，透过漏窗（三重框景）隐约可见一片波光粼粼，这是园中环内池区域唯一可以看到西湖的地方。

　　③外池的翠迷廊。游览路线是：景苏阁庭院往北→赏心悦目亭→两宜轩往西→如沐春风亭（翠迷廊南入口）（图3-12）。翠迷廊是曲折狭长的水廊，紧贴外池西岸，廊柱对空间进行限定，进而对廊道的走向做适当调整。虽然空间有些局促，但曲折后的廊道产生了新的小空间，使视线与框景的空间产生多样的变化，漫步其中，眼前的廊道呈现出曲折迂回的空间感。

　　翠迷廊尽头是迎风映月亭，平面为扇形，亭子西北面有一处很大的空间，于其间植树立石，从亭子漏窗中可以看到湖石与松造景，丰富了亭子的空间层次。扇形的亭子、曲折的廊道与周围直线形的池岸形成对比，更体现了外池空间的单纯，增强了空间的开放性。

迎风映月亭　翠迷廊　如沐春风亭

图 3-12　外池的翠迷廊游线

4. 模山范水，宛自天开

　　《杭州通》对郭庄是这么描述的："园濒湖构台榭，有船坞，以水池为中心，曲水与西湖相通，旁垒湖石假山，玲珑剔透。"中国古典园林可粗略分为山园和水园，而清代的郭庄是水园代表之一。水园中的山石这一造园要素是从属于水的，因此郭庄的筑山数量不多，但其筑山也有自己的特色，可以概括为"秀、崎、疏"三方面。"秀"的手法是指将山矮化、小化，使山既有山的景致和神韵，又具有可攀性。例如，赏心悦目亭所在的假山石，既模仿自然山体，又有小路可供游人攀登至山石的最高点，并在最高点设亭，供人休憩、赏景。"崎"的手法是指在山上有目的地布置各类怪石，这是造园者对自然山体的模仿。例如，沿小路登上赏心悦目亭，路旁怪石林立、高低不齐，既模仿自然，又点缀了路边的风景。"疏"的手法是指营造疏密有致的山体格局，镜池区域为疏，浣池区域为密，而密中又产生高低错落的差别，使郭庄筑山富有变化。这三个特点虽然并不能够概括整个中国古典园林的叠山艺术，但在郭庄中却得到较好的表达（图 3-13）。

· 63 ·

图 3-13　郭庄的假山堆叠

　　郭庄之水为西湖之水，通过赏心悦目亭下的假山隐藏园林的入水口，并在园内以两宜轩为界，将水贯穿于静必居和一镜天开两大区域，给人以深邃藏幽、不可穷尽之感。内池通过赏心悦目亭下的水斗门与西湖相通，以太湖石作为驳岸，假山叠石参差错落，沿池岸建有香雪分春轩廊、小飞虹廊桥、浣藻亭、两宜轩、凝香亭等建筑，形成一种向心、内聚的格局。岸边山石嶙峋、灌木丰茂，以亭台楼阁为背景，优美如画（图 3-14）。外池通过东南角的水闸进口与西湖相通，驳岸由铁红色条石砌筑而成，西、南两侧由翠迷廊、两宜轩围合，开阔中透着发散的意蕴，水面上的曲桥、游廊透着疏朗的园林意境，背景是一色的水杉林，简练、明快，池中点缀睡莲、观赏鱼和水鸟，使园林富于生机（图 3-15）。

图 3-14　郭庄内池的水景营造

图 3-15　郭庄外池的水景营造

但郭庄的水景并不止于园内，更是借助漏窗、观水平台等，虚借西湖水以拓展外围环境，并利用西湖已形成的自然景观和人文景观升华郭庄自身的格调和氛围。有了西湖大水面的衬托，郭庄也显得愈加雅洁而又富有古趣，似乎彰显了园主人"江海寄余生""相忘于江湖"的人生境界。

5. 建筑幽雅，植物精致

郭庄的园林建筑既追求严谨的协调性，又保留了如诗如画的艺术意境；既传承了浙派古典园林风格，融入了浙江民居风貌，又保持了庄园独有的古趣。从建筑的总体形象到局部的装饰纹样都细致精美，其中的粉墙、黛瓦、栗柱均采用素色、白色、原色，无彩绘，少雕饰，风格淡雅。郭庄建筑采用了大量简单别致、具有浙江地方建筑特色的灰塑、木雕，而粉墙黛瓦、磨砖地坪、石板路等，也都十分具有代表性。例如宅院区，建筑型制古朴雅洁，砖雕、木雕简而不陋，素雅的木构件刷木色油漆，保留了木材的生长纹路，凸显了自然之美，构成了一座具有浙江民居特色的四合院（图3-16）。

图3-16 郭庄的建筑营造

郭庄的植物种类丰富。水池周边除了香樟、水杉、大叶柳、枫香、黄檀等占比大的树种外，还有兰花、南天竹、杜鹃、美人茶等植物，以及造型各异、错落有致的假山叠石。花与树、树与假山、假山与池塘，步移景异，相映成趣。

郭庄的植物配置手法多样（图3-17、图3-18），有丛植、点植等，但其中以片植最为出彩。片植是利用同种植物仿造自然式进行成片种植，植物本身具有的自然美和人文美能够通过片植的手法处理被放大、凸显。例如，郭庄东南隅小庭院片植梅树，取喻于宋代林逋喜爱梅花之品行高洁的历史典故。林逋有《山园小梅》云："众芳摇落独暄妍，占尽风情向小园。疏影横斜水清浅，暗香浮动月黄昏。"以诗的意境来提升园林本身的格调。同时，得益于西湖的大环境，片植的植物景观并不局限于郭庄园内，周边的植物景观也被纳入园中，如园外北面片植的大片水杉林，既可作为"一镜天开"的背景，又为郭庄营造出密林深处有人家的意境。

图3-17 郭庄的植物配置（1）

图 3-18 郭庄植物配置（2）

6. 景面文心，情景交融

江南私家园林的园主大多能诗善画，文化修养很高，因而其建造园林也深受中国古代文学的影响，流露出深厚的文化气息。其主要体现在典故的联系、诗文以及题词的结合等方面，有效激发了人们的联想，加强了园林的感染力，这就是所谓"景无情不发，情无景不生"。

郭庄内亦是处处流露出诗情画意的人文气息，如香雪分春厅（图3-19）。此厅处在郭庄南部的静必居前堂、后院式建筑群中轴线上，高敞富丽，陈设典雅，是主人用来会见贵客的地方。前堂正中高悬的正是"香雪分春"匾额，此名取自厅堂东侧园中种植的梅树成林，梅花开时，分得湖山一片春色之意。后堂的一副楹联经重新制作后挂在景苏阁内："红杏领春风，愿不速客来醉千日；绿杨足烟水，在小新堤上第三桥。"顿时把人引入高雅的意境。

与香雪分春互为对景的两宜轩（图3-20），其名则取自苏东坡《饮湖上初晴后雨》："水光潋滟晴方好，山色空濛雨亦奇。欲把西湖比西子，淡妆浓抹总相宜。"引用得恰到好处，将意境提升到一个新的高度。此外，园中景苏阁（图3-21）之名亦是来自远眺苏堤时产生的对东坡先生的景仰之情。

图3-19　香雪分春厅

图 3-20 两宜轩

图 3-21 景苏阁

再如赏心悦目亭，又名"伫云亭"，耸立于景苏阁东侧俯临西里湖的太湖石假山之巅。假山系清代所砌遗构，下部架空，引西湖活水入庄与浣池水相通。此亭为一座造型极为特别的四角攒尖顶建筑，亭四面皆不为空，有女墙明窗以饰，形成一个封闭空间，与一般的亭子迥异。亭上有匾额"赏心悦目"。登上赏心悦目亭，居高临下，八面来风。亭前伫望苏堤春晓，四季如画；潋滟湖光，庄园景致，多方胜迹无不赏心悦目。在这里，四周湖山秀色尽收眼底，令人心旷神怡（图3-22）。陈从周先生称"此处最令人叫绝者"，并写下《西湖郭庄闲眺》，诗云："苏堤如带水溶溶，小阁临流照影空。仿佛曲终人不见，阑干闲了柳丝风。"

此外，乘风邀月轩（中秋之夜，举杯邀月）、凝香亭（周围遍植芳香类植物）、浣藻亭（洗涤文句，清扫心境）、如沐春风亭（得到高人教益或感化）、迎风映月亭（取意苏轼名篇《点绛唇·闲倚胡床》）等命名均有诗意的体现。

值得一提的是，原来翠迷廊南北两端分别连接两座亭子，北面的叫"迎风映月亭"，是一座位于围墙一角的扇形半亭；南面的叫"如沐春风亭"，是一座四角攒尖顶半亭。2016年，为了纪念陈从周先生，有关部门将南端的亭子改为"梓翁亭"（陈从周先生晚年自称梓翁，"梓"字有木匠的意思，"梓翁"就是老木匠），匾额由其笔友叶圣陶先生题写，并将陈先生题写的"迎风映月"匾额移至此处。而"如沐春风"匾额便换至翠迷廊北面亭内。梓翁亭原为碑亭，里面原有陈先生写的《重修汾阳别墅记》的石碑，如今已不知置于何处，现玻璃框内为其拓片，拓片表露了陈从周先生对郭庄重修过程及其景观的赞美之词，左右还分列《陈从周介绍》和《修梓翁亭记》两幅拓片。我们认为，用梓翁亭纪念园林大师陈从周先生是值得赞赏的，但更换两座亭子里原来的匾额，使亭名改变，破坏了园林设计的原有意境，就得不偿失了。因此，本书中对两座亭子名称的所有描述均按陈从周先生设计时的原意，与亭子现在的名称相反。我们也衷心希望，有朝一日能将"迎风映月"匾额放回原处，将"如沐春风"匾额放到梓翁亭内。

图 3-22 赏心悦目亭

（四）趣闻轶事

陈从周（1918年11月27日—2000年3月15日），原名郁文，晚年别号梓室，自称梓翁；中国著名古建筑学家、园林学家，上海市哲学社会科学大师，同济大学教授、博士生导师；擅长文史，兼工诗词、绘画；著有《说园》等；是张大千的入室弟子，被尊称为"现代中国园林之父"（图3-23）。

陈从周是地地道道的杭州人，于1938年考入之江大学，是大学里的积极分子，老师出题作诗，他总是第一个写好，画画也非常好，常用自己写的诗来配画。

图 3-23　陈从周先生

陈从周与古建筑的缘分，源于一次家访。1942年，陈从周大学毕业后在杭州、上海等地的师范学校、高级中学教国文、历史、美术等课程。有一次到学生家家访，这位家长正好是之江大学建筑系主任陈植，陈植家书架上全是关于建筑的书。陈从周偶然看到书架上有本宋代李诫写的《营造法式》，这是一本建筑书籍，建筑术语多，又是艰涩的古文，一般人很难读懂，陈从周不但看得懂，而且能联系实际，分析得头头是道。陈植很惊喜，于是聘他回母校之江大学建筑系教书，任副教授，主讲中国建筑史、中国营造法。

除了教书，他还主持指导江苏、上海、浙江多处古园林的修复。江苏苏州的拙政园、网师园、留园、环秀山庄、虎丘塔，扬州的何园、片石山房，如皋的水绘园，上海的豫园、龙华塔，嘉定的孔庙、秋霞圃，浙江嘉兴的南北湖，杭州西湖的郭庄、西泠印社，宁波的天一阁等古建筑、古园林能被完整地修复、保护，他功不可没。经他之手修复的古典园林多达130多处。

陈从周先生对破坏古建筑、古园林，以及对景区进行不合理规划持反对意见，他认为，杭州的建设要有中国特色，如果让西湖穿上"西装"，那就不伦不类了。

陈从周在1975年叮嘱弟子陈樟德时说："西湖是世界级的宝贝，包容古今中外，有古典园林，也有现代风景，为西湖设计，事无大小都要做好。"

1982 年，陈从周赴杭州指导园林规划，住在刘庄。一天，他信步走到杨公堤上的郭庄，见断墙残垣、鹅鸭成群，感叹道："真有些不忍看，西子蒙尘太可惜了。"陈从周回去后写了一篇文章《郭庄桥畔立斜阳》发表在《新民晚报》上，在文末为郭庄"鸣冤"，提议重修郭庄。

1982 年，曲院风荷总体规划设计的时候，郭庄被单独列为古园林保护区，进行整修。1989 年，郭庄的规划设计工作完成，同年 8 月动工，恢复原貌，规划的宗旨是"古园重建"。

具体负责郭庄整修的正是陈从周的弟子陈樟德。因为当时对郭庄的保护设计定位多有争议，陈樟德便多次向老师请教。陈从周说了"去俗存雅"四字，点明了郭庄的保护目标。在设计时，陈樟德保留了园中树木、山石、雕刻等有价值的东西，拆除了与西湖风景格格不入的办公用房和西洋建筑。

经过近两年的时间，郭庄于 1991 年 10 月 1 日整修完毕，重新开放。占地 9788 m²，水面占 29.3%，建筑面积达 1629 m²，并被评为省级文物保护单位。

郭庄是杭州最具江南古典园林特色的私家宅园。重修竣工以后，陈从周还为它题了一联："枝上胭脂分北地，裙边风景尽西湖。"在他心里，郭庄就像西湖的裙边一样美丽。

郭庄园子不大，却有极特殊之处：一是将江南民居和风景园林完美融为一体；二是利用独特的地理位置，善于"借景"，西湖的湖山绝美，近借苏堤，远借雷峰塔，处处皆可借，而且借得谐美精妙，有灵气，有趣味，有意境。

二、胡雪岩故居——巨商豪宅，极尽奢华

胡雪岩故居为杭州现存最大的晚清民宅，是清代红顶商人胡雪岩人生巅峰之时所建的一座中西合璧的宅第。故居建筑构筑考究、豪华气派、厅堂轩敞、梁柱雍容、花格精致、地砖方硕，堪称"清末中国巨商第一豪宅"。故居坐北朝南，整体建筑轴线略偏西，地块呈长方形，占地面积约 7230 m²，其中建筑面积 5815 m²。故居西区为芝园，以山水景象为主题，依山筑楼阁，临水建轩厅，环境幽雅，自然和谐，形成山中有洞、洞内有池、池中有井的奇特景观，是浙派园林的杰出代表。

（一）历史沿革

清同治十一年（1872），胡雪岩斥巨资在杭州望仙桥元宝街营建宅邸，至光绪元年（1875）建成。光绪十一年（1885），胡雪岩经营丝业失败，在各地开设的阜康钱庄相继倒闭，当年十一月抑郁而死。光绪二十九年（1903），该宅邸被其子孙抵债给刑部尚书、协办大学士文煜，后又几易其主，面目全非，破败不堪。1999年，杭州市根据1920年沈理源先生绘制的胡雪岩故居平面图，对这座历史建筑进行全面修复。修复中依原样、原结构、原营造工艺、原使用材料，按修旧如旧的要求恢复建设。修复后的故居，再现了120年前故居的风采。2001年1月20日，胡雪岩故居经过一年多的修复后正式对外开放。

（二）总体布局

胡雪岩故居地处杭州吴山脚下，南临元宝街，东连牛羊司巷，西接袁井巷，北靠望江路。故居的选址为《园冶》中所述的"城市地"，即处于城市中，生活便捷，人多兴旺。位于闹市的因素让故居南面外墙高近9 m，长约100 m，是标准的风火墙（图3-24），从而隔开外面的喧闹，给故居一个清幽的环境，这与西湖周边名人故居借景西湖山水的营造手法有着较大的区别。

纵观胡雪岩故居的整体规划布局，充分体现了园主人的深厚文化底蕴，展示了清代江南私宅的典型特点。故居位于元宝街，其整体规模与元宝街等长，相传在元代，此处建有宝藏库，故而有"元宝街"之名。而胡雪岩将宅邸选址于此处，表达他希望自己在商途中能继续向前发展、财源广进的愿望。

图3-24　胡雪岩故居的风火墙

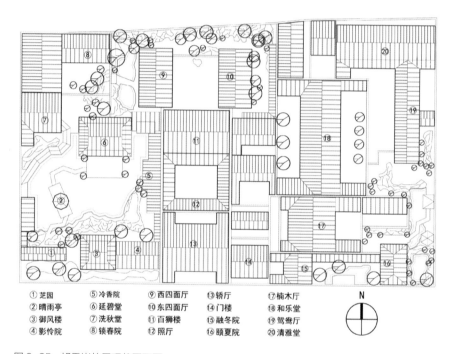

"究天人之际，夺造化之功"，胡雪岩故居在规划设计上，因地制宜，因势利导。故居在布局上最与众不同的一点，便是在传统居住庭院与园林庭院并列的组织形式上，通过突出厅堂建筑，将其对外开敞，再联系轿厅、照厅、门厅、四面厅的中轴线布局，两侧布置花池台榭，组织外部空间，搭配以假山花石，形成"西园、中厅、东宅"的总体结构（图3-25）。

① 芝园　　⑤ 冷香院　　⑨ 西四面厅　　⑬ 轿厅　　⑰ 楠木厅
② 晴雨亭　⑥ 延碧堂　　⑩ 东四面厅　　⑭ 门楼　　⑱ 和乐堂
③ 御风楼　⑦ 洗秋堂　　⑪ 百狮楼　　　⑮ 融冬院　⑲ 鸳鸯厅
④ 影怜院　⑧ 锁春院　　⑫ 照厅　　　　⑯ 颐夏院　⑳ 清雅堂

图3-25　胡雪岩故居现状平面图

　　胡雪岩故居的西部、北部（图3-26）和东南部（图3-27）为园林区，其中西部为芝园，面积最大，其余为建筑区，主体建筑位于整个故居中间位置，体现了古代造园的主次有别、尊卑有序。故居内多假山叠石，反映出园主人对假山叠石的喜爱。故居的周边围墙较高，从故居的外部看，仅仅能看到几面高耸的墙体，而进入内部则别有一番天地，被称为"壶中天地"。故居内部交通设计流畅通达，多以廊、亭和石板小道相连，不同的区域间多以石门相连。

图 3-26　胡雪岩故居北部园林区的"真山水"

图 3-27　胡雪岩故居东南部园林区

纵观胡雪岩故居的整体规划布局，充分体现了园主人的深厚文化底蕴，展示了清代江南私宅的典型特点。尤其是接待区，主体建筑是百狮楼，是胡雪岩日常接待贵宾、商议大事的地方（图3-28）。百狮楼南面的照厅只有在接待贵客时才开放，照厅的南面是轿厅，古人出行主要是乘坐轿子，而轿厅则是专门摆放轿子的地方。来宾在轿厅下轿，而后通过轿厅大门进入胡宅。轿厅、照厅、百狮楼三组建筑成规则的中轴对称布置，其前中后的布局体现了中国古代的礼法制度。

图3-28　百狮楼与东西四面厅围合庭院

（三）造园特色

1. 布局严谨，层次丰富

据《胡光墉传》记载，胡雪岩修建"第宅园囿，所置松石花木，备极奇珍。姬妾成群，筑十三楼以贮之"。也有资料说他"大起园林，纵情声色，起居豪奢，过于王侯，骄奢淫逸，大改本性"。可见，胡雪岩生活闲逸至此。园中有亭十三、厅堂十二、曲廊十二、楼三、阁一、桥四、假山水池四。建筑平面有方形也有扇形，有围合亦有开敞，屋顶形式有歇山、硬山、悬山顶等，修饰以体态轻盈的戗脊，形式多样，集各古典园林造园手法于一体，充分表现了园林布局、空间组织的深厚功力。

胡雪岩故居整体呈串联式布局（图3-29），以建筑为主脉，展现一进又一进的庭院空间，直至最西面的芝园入口。故居内大小庭院十五有余，分散在园子各个角落，每个院子依使用者的喜好要求各异，主题多样。各个庭院之间虽然分隔，但交通不闭塞，各空间彼此似分似合，常通过明廊暗弄，连接新的开阔空间，空间变化与人的行为结合，形成隔而不塞的空间效果以及丰富的空间层次与幽深境界。

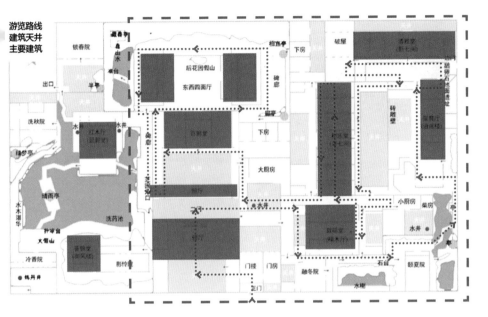

图 3-29　胡雪岩故居总体布局和游览路线

　　东区建筑群高低错落有致，并采用天井、游廊、水榭、假山、亭榭、水池和阳台等富有变化的建筑，配以砖雕、石刻、堆塑、彩画等工艺，使整个居住生活区布置得体、层次错落地在人们面前徐徐展开。此区域内虽然房屋密集，但经过巧妙的规划设计使人感到密而不窒、富有层次，充满人情味和生活气息。

　　轿厅左边有一月洞门，上面镶嵌"芝园"两字。穿过月洞门，豁然开朗，别有一番天地，亭台楼阁、朱扉紫牖、雕门镂窗、假山叠石、小桥流水——呈现在眼前，可谓步步成景、处处显胜。

　　芝园是胡雪岩故居中园林的精华部分，主体景象构图以水为中心，水中布置亭桥一座，四周布置着大量的亭台、楼阁及假山，奇花异木点缀其间，富有层次，景致优美（图 3-30）。芝园制高点为御风楼，位于假山之上，可见当时假山堆叠技术之高超。御风楼两侧分别是冷香院和影怜院，三组建筑自成一个小庭院。

　　与御风楼隔湖相望的是延碧堂，是芝园的主厅，两者遥相呼应，互为对景。延碧堂和御风楼之间是一池碧水，水中倒映着周边的亭廊，池中成群的鱼儿嬉戏于莲叶之间（图 3-31）。

园中的自然植物搭配，采用不同的植物配置手法，让植物与建筑、山石、水体等其他造园要素有机结合起来，构成开合有度且变化多样的园林空间，以此柔和整体景观的线条，让园林景观意境更为深远、幽静。芝园以云南黄馨、铺地柏、常春藤点缀假山山体外缘，种植的植物都较小、较少，且注重造型，重在表现山石峭拔挺俊的姿态和宏伟的气势。石缝间铺以书带草，正如《画筌》中所云："山脊以石为领脉之纲，山腰用树作藏身之幄。"山间小道上栽植南天竹、杜鹃，更使山体灵活生动。

图3-30　芝园入口及水池鸟瞰

图 3-31　芝园御风楼、假山、晴雨亭、延碧堂

通过借景来丰富游赏空间，在胡雪岩故居中特别突出。在园子内的建筑形态塑造上，选择竖起高度超过 9 m 的风火山墙，与外界划清界限，形成对内开放、对外封闭的效果，但又在景观营造中，选择向天空、鼓楼民居借景（图 3-32），通过借景，园内、园外仿佛又融为一体。除了向外借景，故居内的对景手法也甚为巧妙。透过廊道侧面的漏窗，常设置小天井，内植梅花、鸡爪槭等，搭配以忍冬、竹藤，形成对景效果，扩大景物的深度与广度，丰富游赏内容。

图 3-32　山墙围合的庭院借景天空

2. 以小见大，山林意趣

胡雪岩故居在园林、建筑空间的塑造上，多用内外空间交替组织，以小见大，营造豁然开朗、柳暗花明之感。穿过狭长的元宝街进入故居，一进门便是一天井，正对门楼，门楼的槅扇窗内镶嵌从当时的法国进口的钴蓝色玻璃，光透过蓝色玻璃，呈现出富丽堂皇又极具西洋色彩的韵味（图 3-33）。门楼的空间尺度较小，晦暗而简洁，左转进入门房空间，再侧转来到宅院的轿厅，内部装饰细腻，细节之处流露出华丽之感，轿厅南面便是寓以"四水归堂"的大天井。

这样一个从外部狭窄的街巷进入门楼，再到门房，最后进入轿厅、大天井的流线，空间大小交替转换，巧妙地运用光线，以小衬大，以暗衬明，达到了柳暗花明、豁然开朗的效果。另外，在胡雪岩故居的各个角落，在曲折之中追求意境的深远。通常园子的面积都不会太大，因此为了尽可能放大园子的观赏效果，园主与工匠就会营造一系列百转千回的流线形式，提供最大程度观赏山水园林的视角。造园一般采用联想的手法，比如芝园里的假山，从一头进去，却有三四个岔口，形成捉迷藏式的假山，让人穿梭其中，对另一头岔口的景色充满好奇、充满幻想，这便是一种余意不尽的体现。

图 3-33　胡雪岩故居入口天井、大门与门楼槅扇

　　胡雪岩故居在掇山叠石方面堪称一绝。故居内怪石嶙峋，几乎每个院落都有假山置石，形式多种多样，其中芝园的大假山有"擘飞来峰之一支，似狮子林之缩本"的美称（图 3-34）。芝园的大假山仿照灵隐飞来峰之意象，用太湖石堆叠而成，是目前国内最大的人工假山溶洞，高五丈，假山上有 3 座楼阁，下有悬碧、皱青、滴翠、鼟黛 4 个小溶洞，其风格分别与太湖石特点的"瘦""皱""漏""透"四字相吻合（图 3-35）。在滴翠洞的西侧设有洞口和小径，小径与水池相接处用湖石叠三级蹬道。夏天炎热之时，可从此处走下冲凉、嬉水。假山西侧尽端是悬碧洞，在这 4 个溶洞中，以悬碧洞为最大，高约 10 m，宽约 6.7 m，洞顶还有一小洞，恰似一线之天。洞中水池一半露天，清澈的水从山上流下。进洞不多远，可见一古井，井的上方有"云路"两字。向左转，为假山叠就的洞穴通道，弯弯曲曲，好似岩石铺就的长廊。四洞各有特色，相互连通（图 3-36），卵石铺地，曲径通幽。洞内不仅凿有"炼丹井"和"洗药池"，洞壁上还嵌有古代书法名家董其昌、郑板桥等人的题刻和石碑 31 块，从而使整个园林平添了几许文雅、苍古的气息，同时从一个侧面反映出胡雪岩商而儒行、附庸风雅的本色。

　　这座假山不仅有大而壮观的气势，还有小而灵巧的精美，太湖石的峰石造型优美似狮子，立于池畔生动又灵活。另有假山将池水围拢，驳岸上栽植各类灌木、草本，柔化假山质感，使山水相融合，形成浑然一体的自然山水园林。而园中东南角，假山倚墙而建，将围墙的封闭感淡化，假山之形虚虚实实，使空间有不尽之意。这些营造手法都体现了古典园林中"咫尺山林""以小见大"的设计理念。

图 3-34　芝园大假山

图 3-35　4 个小溶洞　　　　　　　　　图 3-36　溶洞内四通八达

3. 富丽堂皇，极尽奢华

整座宅园的建筑设计为晚清典型的江南园林式豪宅，富丽堂皇，极尽奢华。选用了大量名贵的材料，做工精细，雕刻、彩绘精美绝伦，达到无品不精、有形皆丽的水平。还请来外国技师，安装了当时上海十里洋场都还没有的电话机，同时引进一系列时新的舶来品，诸如大型穿衣镜、水法流苏吊灯、西洋彩色玻璃之类的商品。园中高阁、回廊、亭台、水池、假山，一应俱全，其中人工溶洞堆砌之精巧与规模之浩大，堪称明清第一。

胡雪岩故居内最大的建筑叫"和乐堂"，又称"老七间"，坐西朝东，是面阔七间的两层楼房（图 3-37）。其一层原为胡雪岩的书房。胡雪岩娶有十二房姨太太，因此楼上也为姨太太住房。后檐北次间下有一间面积超 7 m² 的地下室。该地下室全部采用当时最流行的严州青石砌成，捣浆石灰嵌缝，防潮性能极佳。此地应是胡雪岩放置钱财的"金库"（图 3-38）。在前檐廊的两侧砖细山墙上，各

图 3-37　和乐堂外观与正厅

图 3-38　和乐堂内的胡雪岩书房与金库

雕刻直径 1 m 左右的鸾凤图案，工艺精致，十分美观。和乐堂建筑用材极其讲究，均采用南洋杉木和银杏木，门窗和槅扇则使用紫檀木、中国榉木、花梨木、酸枝木和黄杨木等制成。和乐堂二楼与一楼每个房间都有一根柱子上雕凿一道深槽，内装有铜管及金属线。此外，铜管和金属线还通向与和乐堂相邻的下房。据考证，这是通话设施，相当于当时轮船上的传声筒，胡雪岩可以通过传声筒和妻妾们通话或传唤下人，这在当时国内是绝无仅有的。

　　胡雪岩故居中最值得一提的奢华建筑叫"载福堂"，又称"边厅"，它是胡雪岩的"红颜知己"罗四太太居住之所，建筑面积 445 m²，该厅全部用上等的金丝楠木打造而成，所以又称"楠木厅"。珍贵的金丝楠木被如此奢华地铺陈装饰，实在世间少有。楠木厅为坐西朝东的三开间两层建筑，是胡宅内的重要厅楼之一，宽敞精丽，因其用材特殊，夏天特别凉爽。国内一些古代私邸的楠木厅往往只是部分构件采用楠木，而此处的楠木厅全部建筑构件皆采用楠木，可见胡宅的建筑档次之高（图 3-39）。

图 3-39　楠木厅

4. 美轮美奂，巧夺天工

　　胡雪岩故居的古建筑本身便是与艺术的结合体，主要体现在挂落、牛腿、亭、廊等建筑实体或者建筑部件上。例如，百狮楼的狮子造型的牛腿，每一尊狮子的表情均不相同，并且狮子的神情被刻画得栩栩如生，体现了当时的建筑木刻艺术水平之高（图3-40）。另外，还有雕塑、栏杆、挂落、漏窗和门等，也都精美绝伦（图3-41）。

　　在小体量艺术作品中分布最多、最具特色的是砖雕。砖雕是指在青砖上雕刻出山水、植物等图案的建筑艺术。故居内的砖雕主要分布在石门、马头墙和墙壁上。其中较为出名的是凤凰砖雕，位于和乐堂东侧走廊的南端。据考古资料显示，此块砖雕是胡雪岩故居内的旧物，"文革"时期为防止其被破坏，附近居民用灰泥将其抹平并封存于地下，故居重修之时被发现并重见天日。在中国古代，凤凰寓意吉祥美好，砖雕上的两只凤凰互相嬉戏，栩栩如生，正呈此意。在故居入口天井中有一块狮纹砖雕，狮子在古代的寓意是事事如意，砖雕描绘的是狮子戏球场景，同样也是活灵活现（图3-42）。另外，在故居的马头墙上也存在大量砖雕，内容包括梅兰竹菊、寿星、市井景象等内容（图3-43）。

图 3-40 百狮楼的狮子和牛腿造型

图 3-41 胡雪岩故居的牛腿、雕塑、漏窗、栏杆、美人靠与挂落

图 3-42　和乐堂的凤凰砖雕与故居入口的狮纹砖雕

图 3-43　胡雪岩故居马头墙上的砖雕

在鸳鸯厅的西侧墙面上有四幅体量较大的砖雕，图案精美，内容生动（图 3-44）。南边第一幅砖雕描绘的是江南山水风景，共有三个场景。第一个场景是近处的河岸景观，描绘了河中的渔船、河边的渔翁和浣纱妇，以及河岸的柳树、山石等自然元素，整个场景十分生动。第二个场景是中部的宅园，园中有叠石假山、园林树木以及建筑，利用院落中的妇人与儿童，将场景活化起来。第三个场景是远方的山脉，云雾缭绕，犹如仙境。这三个场景正好构成了江南地区的独特地理景观。第二幅砖雕描绘的是龙纹图案和寿星图案。在中国古代，龙是皇帝的象征，民间不准使用龙纹。而胡雪岩生活的时期是晚清时期，思想逐步开放，并且他本人得到了象征皇族的黄马褂和紫禁城骑马的特殊待遇，因此在其故居中能看到龙纹图案，足可见当时胡雪岩的身份和地位。同时，龙还是长寿的象征，这与图案内部的寿星相互呼应。由此可见，此块砖雕的主题应当是长寿和地位。第三幅砖雕描绘的是江南园林景观。图案中描绘了亭桥、水池、假山、植物和建筑，与现

图 3-44　胡雪岩故居鸳鸯厅内的砖雕

在所说的园林造园四要素相符合。水池中有亭桥、石桥、假山，水池的周边存在山石驳岸，并以植物点缀其间，园中三五人正在游赏。图案的下方描绘了街景的一部分，多数人衣冠华丽，其间也存在几个普通人。可见此处可能是一处公共园林或是某位文人的私家园林，文人聚集于此游园赏景。第四幅砖雕描绘的是市井景象。图案的下方，街道旁店铺林立。中间部分似是寺院，人来人往，院中假山、植物、水景俱有。图案的远景是山，其间零散分布几间房屋。四幅砖雕各有主题，图案精美，技艺精湛，场景描绘得栩栩如生，使人身临其境，不禁感叹砖雕技艺的高超。

在芝园中爬山廊的门上也有很多砖雕，位于水木湛华牌楼下方（图3-45）。图案中描绘了寿星和吉祥图案，寓意吉祥美好、健康长寿。胡雪岩故居中还有一处砖雕，位于照厅的南面大门上方（图3-46）。此处砖雕图案精美，内容丰富，为典型的江浙砖雕门楼，中部以隶书书写"修德延贤"的家训，表达了胡雪岩的思想和治家理念。

江南私家园林中厅堂很多，胡雪岩故居中鸳鸯厅、四面厅等形式多种多样，亭子有六角攒尖、四角攒尖等，丰富多彩，屋顶翼角为水戗发戗（即建筑屋檐平直，屋脊起翘），体态轻盈。在铺地上，多采用鹅卵石构成各种图案，尤其在百狮楼的后花园内，用鹅卵石排列成铜钱与聚宝盆的模样（图3-47）。

图3-45　芝园爬山廊的砖雕门

图 3-46　胡雪岩故居主入口内的砖雕门楼

图 3-47　百狮楼后花园铺地

5. 精巧细腻，中西结合

　　"极江南园林之妙，尽吴越文化之巧"，胡雪岩故居作为江南私家园林中少有的商贾之宅，依托园主雄厚的财力，在营造江南古典园林的基础上，通过材料、小品等要素，巧妙结合西方文化特色，独树一帜。在建筑整体形态方面，以江南雅致的杭派风格为基础，在建筑细节上添加了诸多西洋元素，因而建筑整体风格具有精巧细腻、中西结合的特点。

　　胡雪岩故居在修建之时，胡雪岩正处于人生的鼎盛时期，西方文化已经传入中国，作为时代的弄潮儿，胡雪岩必然受到西方文化的冲击。在故居中的门窗设计上，百狮楼后的两厢书房当中，每一个书房的南北两侧各有两个落地窗，窗的下端直接落地（图 3-48），这在中国传统的建筑设计中是非常少见的，在西方建筑中则比较普遍。因此，这两间书房是典型的西洋窗式建筑。

图 3-48　百狮楼后东西四面厅的落地窗

　　胡雪岩故居中所有的门窗各不相同，每一个门窗上的装饰也不相同。以门窗中的玻璃装饰为例，既有五彩装饰，又有莲叶纹、缠枝纹等不同纹样，种类达十几种之多，这是在其他民居中很难见到的（图 3-49）。

图 3-49　胡雪岩故居中的门窗装饰

玻璃在中国文化中有着非常重要的地位，不仅一直存在，而且在中国古代文化交流过程中，也是作为佛教的七宝之一出现的。纵观整个中国玻璃的发展历史，玻璃能够大量应用于装饰，由皇宫进入地方民间，也就是从晚清这个时段大规模开始的，胡雪岩故居正是其典型范例。

在胡雪岩故居中有大量的彩色玻璃，几乎占了故居窗棂装饰的80%左右，这一方面体现了胡雪岩尊贵的政治地位，另一方面也体现了胡雪岩雄厚的财力。胡宅内普遍安装着深蓝色玻璃装饰的窗门，夹层玻璃如今虽十分平常，但在那时候还未盛行，完全是荣华富贵阶层的代表；彩色玻璃也要从海外进口，胡宅建筑中大量彩色玻璃的应用，使其充满了异域风情。

（四）趣闻轶事

胡光墉（1823—1885），字雪岩（图3-50），出生于安徽徽州绩溪，13岁起便移居浙江杭州。是中国近代著名红顶商人，晚清富可敌国的著名徽商、政治家。胡雪岩一生纵横商场，与官场人物相交甚密。他先以王有龄为靠山，后以左宗棠为靠山，一步步走向事业巅峰。左宗棠平定新疆后，因其功而拜相，权倾朝野，与此同时，他保举胡雪岩，朝廷亦赐予胡雪岩二品顶戴，赏黄马褂。此时的胡雪岩可谓名利双收。

图 3-50　胡雪岩

胡雪岩的经历充满了传奇色彩：他从在钱庄做一个小伙计开始，通过结交权贵显要，纳粟助赈，为朝廷效犬马之劳；洋务运动中，他聘洋匠，引设备，颇有功绩；左宗棠出关西征，他筹粮械，借洋款，立下汗马功劳。如此，他便由钱庄伙计一跃成为显赫一时的红顶商人。他构筑了以钱庄、当铺为依托的金融网，开了药店、丝栈，既与洋人做生意，又与洋人打商战。

胡雪岩的生意之所以能够遍布大江南北，兼及海外，很大程度依赖官场势力的庇护，讽刺的是，成也萧何败也萧何，其失败也源于官场的倾轧。左宗棠死后，显赫一时的一代豪商胡雪岩，被李鸿章势力打压，一贫如洗。他曾经拥有的万贯家财没能留给后人，倒是他精心创立的胡庆余堂，至今仍以其"戒欺"和"真不二价"的优良传统矗立在杭州河坊街上（图3-51）。胡庆余堂中药店以制造避瘟丹、行军散、八宝丹为特色，供当时军民之需。在中医药漫长的发展源流中，胡庆余堂以其精湛的制药技艺和独特的人文价值，赢得了"江南药王"之美誉，有"北有同仁堂，南有庆余堂"之称。

　　胡雪岩的一生，是非功过褒贬不一。他的成功，很重要的一条原因就是善于用人，以长取人，不求完人。他说一个人最大的本事，就是用人的本事。清人顾嗣协曾有诗云："骏马能历险，犁田不如牛。坚车能载重，渡河不如舟。舍长以就短，智高难为谋。生材贵适用，慎勿多苛求。"

图 3-51　杭州河坊街的胡庆余堂

第二节 温州古典名园

一、如园——东瓯名园，清幽雅致

如园，北靠府学巷，南靠谢池巷，东临积谷山，是著名的浙南古典私家园林，也是温州目前唯一一处修复后对外开放的古典园林。清代，温州园林虽不像苏州、扬州遍布城内，但有名于时者亦有十大名园，从官衙园林到私家园林皆多有盛名。而今几经兴废，玉介园、依绿园、曾园等园林大都消失殆尽或面目全非，唯如园尚能留有一丝踪迹。

（一）历史沿革

如园位于谢池巷底端，积谷山西麓。园中有池上楼，为邑人张瑞溥（字百泉）于清道光年间所建造的私家宅园。

据清光绪《永嘉县志》记载，池上楼原在"旧郡治丰暇堂北"，因谢灵运诗"池塘生春草，园柳变鸣禽"而闻名于世。而谢公守永嘉时，"爱永嘉有东山之胜，且山水优美于会稽，乃创第凿池于积谷山下"，名为"谢村"，并留家眷定居于此。至道光三年（1823），邑人张瑞溥自湖南辞官回温州，为纪念谢灵运，在谢村旧址购地约 6667 m²，"辟为亭馆，颜曰如园，临池建楼三楹，即将蔡匾悬挂其中，以存谢公之旧"，并增建鹤舫、春草轩、十二梅花书屋、怀谢楼等建筑，形成幽趣雅致的私家宅园，又名"张宅花园"，成为晚清时期温州城中的一大名园（图3-52、图3-53）。

20世纪50年代，由于如园主人迁居外地，遂将如园出售给卫生局。之后，如园年久失修，破败不堪。2000年，温州市政府依照原貌，缩小面积，修复园中各景，历时一年多，终于竣工。

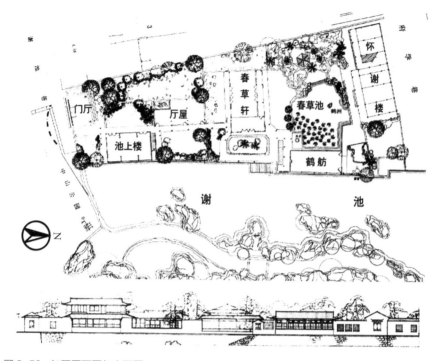

图 3-52　如园平面图与立面图

图 3-53　池上楼旧照（摄于民国）

（二）总体布局

现在如园占地面积约2000 m²，呈南北向狭长的不规则布局，为张氏宅园的花园部分，住宅部分已消失在历史中。全园主要分为两大部分，南部是以池上楼为主的雅致庭园，北部则是以春草池为中心的清幽园池景观。

大门在如园的南首，门楣上悬"如园"匾额（图3-54），门厅东侧有曲廊可至池上楼。池上楼（又称飞霞山馆）临水而建，为重檐歇山顶，面阔三间，三面围廊（图3-55）。二楼东侧建廊设美人靠，可临水而坐，赏园外春草池、东山之景。现紧邻池上楼的为厅屋，疑即原来的十二梅花书屋。此屋最大的特点是其南次间西侧内收，辟一小池，墙上开漏窗透向西院，类似于苏州海棠春坞院落的做法，使院屋合为一体。而池上楼与厅屋分隔出的空间庭院内，多栽名花异木，奇石屹立，构亭铺径，形成宁静雅致的休闲空间。

图3-54 如园大门

图3-55 池上楼

如园北侧以春草池为中心（图3-56），空间开阔。春草池南面为春草轩（图3-57），坐落于全园中心位置。春草轩东侧辟一小院，与园外相通，围曲廊，置美人靠，临水赏景，视野开阔，景色清幽。另外，春草池北面为怀谢楼（图3-58），与春草轩互为对景。东西两侧分别为鹤舫（图3-59）与大假山。假山上有磴道、怀谢亭（图3-60），为全园制高点，可揽全园胜景。四面的焦点都汇集于春草池中，构成全园的主景区。园主人将花木、建筑环绕春草池布置，形成一个内聚、向心的空间，将景观内聚到春草池中。春草池形状近似方形，有自然式驳岸。池中栽有荷花和睡莲，并在北侧置一石曰"鹤洲"。岸边植柳，以构谢诗之意。

南北两大园区，一雅一幽，通过曲廊、幽径、漏窗相互连接、贯穿，形成幽胜雅致的私家宅园。

图3-56 春草池   图3-57 春草轩

图3-58 怀谢楼

图 3-59　鹤舫 　　　　　　　　　　　　　　　　　图 3-60　怀谢亭

（三）造园特色

1. 追思先贤，山水诗意

清道光年间，邑人张瑞溥辟园"以存谢公之旧"，因此如园的景观营构、景点布置，皆是带着追思谢公之贤的人文韵味。如园门口原有梁章钜所撰对联："面壁拓幽居，一角永嘉好山水。筑楼存古意，千秋康乐旧池塘。"恰当表达了园主人对谢公的追思之情。园中重建池上楼，凿挖春草池，池岸栽植园柳，以现谢诗"池塘生春草，园柳变鸣禽"之意。而园中怀谢楼、春草轩以及怀谢亭，这些建筑的命名，也皆是为了追忆谢公以及他的山水情怀。怀古雅致的园林景观，又引得骚人雅客相互争吟，留下诗赋，使园林更富人文古意。例如清方鼎锐《瓯江竹枝词》诗曰："山水天然一壑邱，曲江花墅客常留。怀人重过东山地，依旧春风池上楼。"

2. 因借自然，揽胜东山

如园并水依山，"水光连岸碧，山色到门青"，因借自然之景，构筑幽胜的园林景观。如园在布置之时，便考虑到园外之景，园宅东侧不设高墙，池上楼、鹤舫、厅屋皆采用东西向布置。而且还利用通透的花窗、曲廊以及开敞的庭院，与外界相连，最大限度地借积谷山之景，扩大园林空间（图 3-61）。如园东临春草池，池上有月带桥，又面东山小赤壁，景色幽然雅致。积谷山本有东山八景，如园巧揽其中"池塘春草""带桥残雪""赤壁夕照""碧波秋月""雪岸归鸿"五景，立于园中，便可揽东山之胜。而另外三景"飞霞春晓""山楼夜雨""雪亭松涛"离如园也不过百米之远。如园依东山之麓，借谢池之碧，使园内外景色相互融合，巧揽东山风月，进而绘构名园佳景（图 3-62）。

图 3-61　如园连廊与园外景观

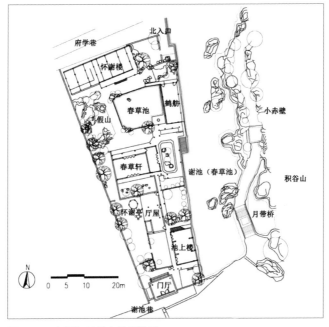

图 3-62　如园与积谷山位置关系

3. 开合对比，构园得体

如园在营构景观的时候，巧妙地利用空间上的一闭一开的鲜明对比来突出园林主题。从门厅进入花园，首先便有一照壁配合置石遮挡于前。往右经由蜿蜒曲折的回廊引导至池上楼，转而有厅屋小院；往左是狭小幽僻的庭院，中有置石屹立、花木培植，甚是安静。从两侧再往前行进，便可出院门，至春草池，突现一片豁然开朗的景象。春草池水面开阔，四周建筑、回廊、花木皆围绕水池布置，形成一个内向的空间，把视线都集中于池塘。前半部分充分利用曲廊、院墙的遮挡转折，构成细腻、稍有局促的空间；后半部分则通过内向型的空间布局，形成一个开阔明朗的空间。园主利用空间的开合对比来烘托、渲染花园的主题，可谓是独具匠心。

（四）趣闻轶事

如园的缘起颇有渊源，它的历史是和山水诗鼻祖谢灵运联系在一起的。谢灵运（385—433）为东晋名将谢玄之孙，文章之美与颜延之共为江左第一，"是时议者以延之、灵运自潘岳、陆机之后，文士莫及，江右称潘、陆，江左称颜、谢焉"。

谢灵运对温州的山水有着近乎痴迷的喜爱。他的山水诗主要完成于始宁、永嘉、临川三个地方，其中以在永嘉所作的山水诗数量最多。南朝宋永初三年（422）八月，谢灵运以"构扇异同，非毁执政"的罪名被贬为永嘉太守，翌年九月离去，在永嘉仅一年，然而现存谢灵运的40余首山水诗中，在永嘉写的可确证的就有21首，约占总数量的一半，可见永嘉山水在谢灵运的诗歌创作中占有非常重要的地位。

从谢灵运在永嘉所作的21首诗的题目中，我们能很明显地看出他游玩过的地方有西射堂、绿嶂山、岭门山、东山、石鼓山、石室山、白岸亭、南亭、赤石、孤屿、瞿溪山等。

在今鹿城区的积谷山，他写下《登池上楼》，名句有"池塘生春草，园柳变鸣禽"；远望松台山，写下《晚出西射堂》；登上海坛山，写下《郡东山望溟海》；渡江至江心屿，写下《登江中孤屿》，名句有"云日相辉映，空水共澄鲜"；流连城南，写下《游南亭》，佳句有"密林含余清，远峰隐半规""泽兰渐被径，芙蓉始发池"；西去藤桥，写下《登上戍石鼓山》，佳句有"日没涧增波，云生岭逾叠"；卧病于郡署，他写下《斋中读书》，佳句有"虚馆绝净讼，空庭来鸟雀"。

在今瓯海区，他写下了《过瞿溪山饭僧》（时地属永宁县）、《游赤石进帆海》《舟向仙岩寻三皇井仙迹》（时地属安固县，唐天复二年改为瑞安县）。在今平阳县（时为横阳县），他写下了《游岭门山》（《横阳还峤上》）。在今永嘉县（时为永宁县），他到过楠溪江大若岩与绿嶂山等地，写下《登永嘉绿嶂山》。在今乐清市（时为乐成县），他到过磐石、白石与雁荡山等地，写下了《行田登海口盘屿山》《白石岩下径行田》《从斤竹涧越岭溪行》。

第二年秋天，谢灵运辞官时留诗《北亭与吏民别》，沿着瓯江西上，回乡归隐，写下《初去郡》，名句有"野旷沙岸净，天高秋月明"。此外，还有归属地或温州或外地聚讼纷纭的《过白岸亭》《登石门最高顶》《石门岩上宿》《石门新营所住，四面高山，回溪石濑，茂林修竹》等。

被贬为永嘉太守的谢灵运整体状态是抑郁的、寂寞的，进既不能，退又受拘，因此他便寄情于明艳妩媚的永嘉山水。白居易的《读谢灵运诗》便道出了这层含义："谢公才廓落，与世不相遇。壮志郁不用，需有所泄处。泄为山水诗，逸韵谐奇趣。大必笼天海，细不遗草树。岂惟玩景物，亦欲摅心素。"元好问在《论诗绝句》中也揭示了谢灵运这个时期的孤寂情怀："朱弦一拂遗音在，却是当年寂寞心。"

这种抑郁不得志的落寞感比比皆是，在永嘉山水诗中多有体现，主要表现为政治理想的失落感，怀乡念友的孤寂感，年华易老的消逝感。

一切描写山水的好诗文，都必然是以客观对象的美为创作源泉的。左思在《三都赋》里说："美物者，贵依其本；赞事者，宜本其实。"刘勰在《文心雕龙·物色》中亦云："山林皋壤，实文思之奥府。"谢灵运被誉为山水诗之祖，其山水诗之美、流传之广，不能不说是永嘉山水给他提供了丰富的创作素材。可以说，没有永嘉山水，谢灵运的山水诗将会黯然许多。

二、玉介园——永嘉首园，极尽风雅

温州私家园林从南宋开始兴盛，明清至民国时期踵事增华。明代玉介园凭借"池台泉石之胜甲于郡"，被誉为当时温州名园之首。其后改为民国瓯海海关监督冒广生的瓯隐园，内有永嘉诗人祠堂。今为鹿城区墨池公园，绵延不绝。

（一）历史沿革

玉介园位于华盖山西麓，明清时期为郡城名园之首。明嘉靖年间，永嘉英桥人王澈辞官后徙居郡城墨池坊，建"传忠堂"。后其次子王叔杲购宅边隙地，于嘉靖三十八年（1559）"剪辟榛莽，改葺墙垣，构筑亭轩，遍植松竹槐柳，初撮园林之胜"。王叔杲万历五年（1577）致仕归来，继续营建此园，终成郡城一大名园。至清代，玉介园逐渐荒芜，后成了温州镇总兵署，园内诸胜无存。1913年，江苏如皋人冒广生任瓯海海关监督，遂将园内屋舍修缮整理，营造园林宅第，取名"瓯隐园"。后来在1951年，墨池坊成为温州市人民政府驻地，除北半部建造机关办公楼及礼堂外，南半部基本保持原貌，并加强园林绿化。

古往今来，墨池坊一直是温州治所的所在地，这也让一直怡然独静的墨池坊平添了一丝显赫与神秘。为更好地保护这一带的历史遗迹，重现墨池古风，还景于民，政府机关后来全部迁出东移，这里被全面修整成了墨池公园（图3-63、图3-64），于2012年元旦开始对市民免费开放。1992年，墨池被列为温州市第三批市级文物保护单位。其实，此墨池为清代于玉介园遗址附近仿建的水池，并不是曾经玉介园内的墨池。

图 3-63 墨池公园景观（1）

图 3-64 墨池公园景观（2）

（二）总体布局

玉介园占地约 6667 m²，园内有池塘假山、亭台轩榭、名花杂卉。王叔杲《玉介园记略》、焦弱侯《玉介园记》均对园中布局、花木做了详细的描绘（图 3-65）。"起自敝庐之门，前夹丛槐，引道东向，于垣西辟门以入，甃石为曲径，长数十丈。旁结花篱，苍翠交加，日中常如暝蔽，名团云径。"自西而入玉介园，过团云径，依次经过最景园、苍雪坞、丛兰馆、华麓山房、挹华轩、青旭楼、餐英馆等诸园胜景，转而过数楹曲房，复回团云径、苍雪坞（图 3-66）。青旭楼为园中最高处，站其上可尽收园中胜景，西瞰墨池"右军（王羲之）洗砚处"，东可引眺华盖山绀宇巍峨。园东还有玉辉堂（图 3-67），堂南凿池汇泉，池侧有玉华凝翠亭。夏日莲花亭亭，泉竹演迤，如珉如琼，为玉介绝佳之处。玉介园紧邻华盖山，由苍雪坞出，过通华径拾级而上可至华盖山巅揽郡城诸景。园周垣以槐柳，园内橘菊松竹，苍葱沈菀。园中奇花名葩繁多，如柑橘、桂花、兰芷、牡丹、山茶等，棋错圃中。其中尤以梅花著称，每至初春，梅花怒开，明代诗人何白赞此盛景："琼树悬灯照万花，花间深夜醉琵琶。误疑晓霁罗浮雪，海日光丞庚岭霞。"玉介为园，园中有院，

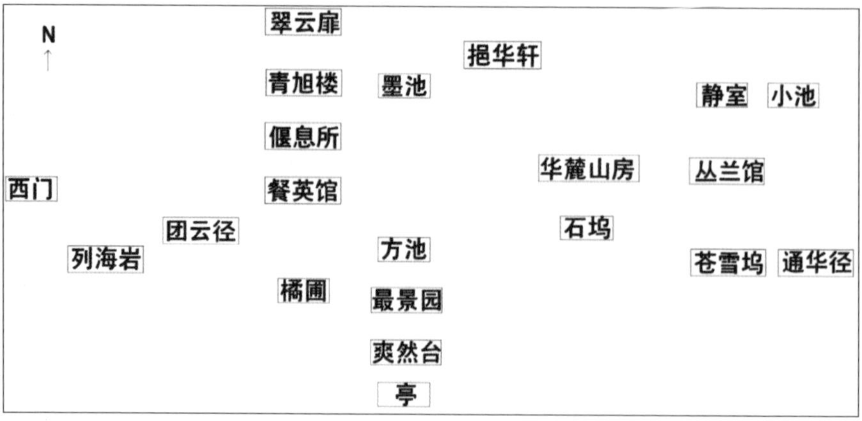

N
↑

翠云扉				挹华轩			
	青旭楼	墨池				静室	小池
	偃息所				华麓山房		丛兰馆
西门	餐英馆					石坞	
	团云径		方池				
列海岩						苍雪坞	通华径
	橘圃	最景园					
	爽然台						
	亭						

图 3-65　玉介园平面布局示意

亭榭幽深，花木扶疏，是为"娱晚景而乐天伦"，可惜至清时便已荒废。

1913 年，冒广生在玉介园旧址，修葺堂奥，重构园景，并改名为"瓯隐园"。据《瓯隐园碑记》载，园中有王谢祠、疢斋、诗传阁、秋爽台、藏春东、苍雪径、流花桥、水乡榭、西亭、观稼轩等诸胜景。同时还在园内建永嘉诗人祠，高墙厚墉，颇为壮丽，以祭祀历代温州著名诗人。清末民初画家汪如渊绘《永嘉诗人祠堂图》（图 3-68）、《瓯隐园花木册》以记一时之胜，可见其建筑玲珑，松木苍翠，泉石之胜。瓯隐园中"有山有池，有台有阁，有亭有榭，而水为尤胜"。园内诸景，虽不及玉介之胜，亦有林泉之趣。

图 3-66　苍雪坞

图 3-67　玉辉堂

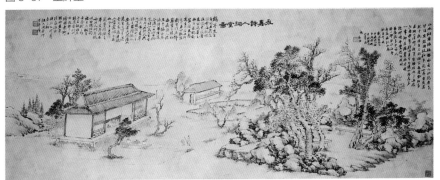

图 3-68　汪如渊《永嘉诗人祠堂图》

（三）造园特色

1. 城市山林，繁华秀美

玉介园选址得宜，绿荫环接华盖山麓。华盖山是温州府主山，登华盖山可瞰郭外江山川原，俯临江流。此园得华盖山之景，因山就势造景，设计曲径通幽。

玉介园繁华秀美，展现了私家园林华丽风雅的一面。园内竹树、花卉成荫（表3-1），清净幽雅，且建筑颇多，集中于园西，主要有抱华轩、最景园、丛兰馆、爽然台、华麓山房。此处也是植物最为丰富的佳处，最景园植橘柚松桂，丛兰馆置幽兰，华麓山房庭前以山茶为屏障，又植各色牡丹数十株。园内挹华轩得园主精心布局，为园中主景。《玉介园记略》有记载："轩侧有两古槐夹立，夏时垂荫蔽坛，轩后为石坞，广数丈，置太湖、应德、锦川诸奇石，覆以括松。又植奇花若玉兰、海棠、射豹、川鹃、紫薇、石榴、山茶、丁香诸种百余树，四时花不歇。"其栽植花卉繁多，嘉树广布，实为园中之最胜。而园东以翠云扉、青旭楼、偃息所等为主，为结宾朋宴赏之地。翠云扉、餐英馆前栽植数百株菊花，花时云锦烂然。

作为一座江南园林，玉介园与华盖山接壤地带还有通华径、蒙泉亭、清泉亭，与周边的蒙泉、双树台、大观亭、东瓯王庙、太玉洞天，以及"二王"修建的王谢祠、资福寺、凌翠楼、华阳净宇等有机结合，整体构成一片葱郁的城市山林，使得王叔杲"望华盖山如家山"（图3-69～图3-72）。

表3-1　玉介园景点季相植物

序号	景点	主要植物	主要观赏季节
1	最景园	橘、柚、松、桂	秋
2	丛兰馆	幽兰	春、秋
3	华麓山房	山茶、牡丹	冬、春
4	挹华轩	玉兰、海棠、射豹、川鹃、紫薇、石榴、山茶、丁香等	四季
5	玉华凝翠亭	莲花	夏
6	翠云扉、餐英馆	菊花	秋
7	苍雪坞	竹	夏
8	青旭楼	松、橘、梅等	四季

图3-69　墨池公园内重建的玉介园（1）

图 3-70　墨池公园内重建的玉介园（2）

图3-71　墨池公园内重建的玉介园（3）

图 3-72 墨池公园内重建的玉介园（4）

2. 景点题名，极尽风雅

玉介园里修建了亭、台、楼、阁等各类小景，还使用极尽风雅的称谓一一命名，蕴含着丰富的美学思想与广博的园艺学知识。例如：

挹华轩：向东面朝华盖山，与其距离仅约两百步，岚光霭翠，逼近几案座席，乃取"挹"取"华"盖景色之意，轩后奇花异石不断，为"园中之最胜"。

团云径：是玉介园西门的一条砌石曲径，长数十丈，两侧排列着从海里运来的礁石，平坦的石岩上设有蒲团座位，两旁围护着花篱，苍翠交加，浓荫重重，即使中午时分也常常昏暝遮蔽，好似笼罩着一团绿云。

爽然台：在最景园高处，寓意爽然如列子御风，登台凭栏远望，近可见海坛山、积谷山，远可见东海边大罗山，橘柚松桂，秀色相接。

苍雪坞：坞里生长着数百竿琳琅的绿竹，杂以嘉树，当中有亭，幽雅清凉，毫无炎夏酷暑之感，形成一个封闭安静的小环境。

丛兰馆：馆里养着数十盘修长茂盛的幽兰，其间夹杂着众多各色花卉，馆后有幽静的小室，四壁陈列着古今名家的书画器玩，室前有小池，池里有百余尾各种花色观赏鱼。

餐英馆：馆堂前种有数百株菊花。云锦绚烂的开花时节，王叔杲呼朋邀友，在此设宴观赏，馆名典出自屈原的"夕餐秋菊之落英"。

翠云扉：路口有门，题名其上，由此处东望苍翠的华盖山峰，"云阴飘袭"。

青旭楼：登楼环顾，可以尽收玉介园之胜景，早上看旭日从东海升起，照耀青绿的松橘，加上远山浮翠，美丽至极。晚上遥望东海，令人"不知沧海悬明月，却讶骊珠出水寒"。

华麓山房：为华盖山之麓的几开间屋子，左右松竹交荫，庭前立着山茶花为屏风，屏风后绽放着罕见珍贵的牡丹数十株。

右军洗砚处：青旭楼的楼侧即是著名的墨池，相传右军将军、"书圣"王羲之在温州练字后，临池洗砚，导致池水尽墨。由于王氏家族自称王羲之后裔，王叔杲对墨池别有一番亲切感，他在池前筑轩，环绕朱栏。

玉华凝翠亭：此处仰观华盖山、太玉洞天如凝固的绿色屏障，被称为"玉介佳绝处"。

3. 诗情画意，内涵深厚

此园倾注了园主深厚的山水情感，集审美与政治情操于园中。王叔杲喜好诗文，在此园中创作了众多诗句，诗句中透露了其居官思隐、欲投身自然的内心感受，"园密迩居室，望着华盖山如家山，朝昏风雨，予尝憩其中，偕昆弟朋友谦笑卒岁，是娱晚景而乐天伦咸属于兹园也"。建筑景色历经沧桑变迁，难免会毁圮湮灭，但诗文美句往往能够流传下来。玉介园位于东山下，王叔杲"每宴集，首倡为诗，属座客和之"，辞官归乡的他把此地类比东晋谢安隐居的"东山"，寄托着他终老林泉的理想。因此，玉介园成为他山水诗文创作中的一大主题。

比如其诗《初冬园居漫兴八首》，仿照南宋范成大的《四时田园杂兴》组诗，描写了苍雪坞、爽然台等各处景观。《雨后集池上，赏并头莲》把并蒂莲花拟人为一对美女，"骈肩浑欲语，交颈似含羞"，首句"华麓雨初收"中的"华麓"指的是华盖山麓。此外，还有《玉介园记略》《重筑爽然台作》《登玉华凝翠亭》《挹华轩赏菊，席上呈社中诸兄》等诗文。

王氏文友唱酬诗文，游玩于玉介园，同样不乏所作。王世贞有《和肖甫司马，题旸德大参东园》五绝十首，评选出"玉介园十景"。其中《团云径》曰"白云瀚作团，回风吹不散。截置一钵中，与作山僧饭"，想象生动。

王叔杲之子王光美在自家红白梅花盛开的当晚，于花林中悬灯数百支，花下摆设筵席，陈列歌舞。本地布衣诗人何白应邀欢聚，写下记胜八绝句。王至言的太玉楼，被本地布衣诗人柯荣描绘为"卷幔林花香漠漠，隔窗山雾碧濛濛"，以同为三点水的"漠漠"对"濛濛"，精心打造字形对。明末，王叔杲曾孙王开先与"复社"名士邢昉交往，后者登青旭楼望月赋诗，以"王家禊事比兰亭"评价其雅集媲美远祖王羲之等人的兰亭修禊。

清末，杭州藏书家丁立诚客居温州，搜寻温州历代名胜，以《永嘉三百咏》组诗一一进行回想怀念，其中就有《太玉楼》《玉介园》诗，称许后者"名园傍山麓，映带成大观"，不啻一座大观园，可见它在诗人心目中的地位。

（四）趣闻轶事

王叔杲（1517—1600），字阳德，号旸谷，永嘉场二都英桥里人（今温州市龙湾区永中街道新城村），明嘉靖进士，官至湖广布政使司右参政（图3-73）。

王叔杲酷爱山水园林，"暇游览泉石，凡遇名胜，辄属意焉"。他在家附近购得空地，因其位于华盖山麓太玉洞天之西，而取名"玉介园"。又因华盖山位于郡城之东，别称"东山"，玉介园亦称"东园"。

明嘉靖年间，浙闽沿海一带经常有倭寇出没。1558年，为保护乡里，王叔杲放弃赴京会试的机会，与兄长王叔果率领乡人捐资修筑永昌堡。他们带领乡亲不分昼夜寒暑，用时11个月，建成了这座雄伟建筑，成为一方屏障，使乡里得以安宁。

图 3-73　王叔杲

温州山水素为名胜，王叔杲为官前，就非常喜欢家乡的山水。早年间，他便钟情于四山回护、三溪汇注的旸岙旸湖，因此在旸岙东麓购地筑旸湖别墅——冷吹楼，内建有浮碧洲、湛然堂、众芳轩等。一时名人荟萃，题咏满壁："平湖展明镜，群峰排紫烟"（王叔杲《秋日过阳湖》）；"阳湖仿佛似平泉，更爱鹅湖类辋川"（何白《过王阳合旧宅》）；王世贞也有诗云："永嘉城外小猴山，明月长容笙鹤闲。总为旸湖泉石好，未教王子厌人间。"

这两处园林经他精心打理，极尽园林之胜。此外，他还历揽温州名胜古迹。每当风和日丽，他便带领子侄们或吟诗作对，或泛舟江河，每有佳景，则尽兴而归，逍遥自在赛神仙。

王叔杲与兄王叔果在仙岩寺一带种植松、柏、樟、枫、棠梨树220株，重整仙岩景区。为了保护植树成果，王叔杲于明万历二十七年（1599）撰写并刻《仙岩松木记碑》，将植树地段、品种、株数一一勒石登记。他为官时，深为江陵张居正所器重。故张居正屡次劝他再仕，但他矢志终老泉林，无所回谢。晚年，他依然精神矍铄，眼神尤其好，能写出蝇头小字。万历二十八年（1600）四月，还让人划船载他游览旸湖、岷岗、孤屿、仙岩、永宁等地，回来后却一病不起。他的一生，为温州留下了一笔宝贵的文化财富。

第三节 苏州古典名园

一、拙政园——名冠三吴，疏朗秀雅

拙政园是中国园林的杰出代表，也是江南私家园林的典范，以其悠久的人文历史、丰富的文化内涵、非凡的造园成就、疏朗自然的风格、典雅秀丽的景色而著称于世。清代学者俞樾曾以"吴中名园惟拙政""名园拙政冠三吴"来赞誉拙政园。拙政园名冠苏州，在现存的苏州古典园林中，位居第一，是中国四大古典名园之一。1961 年 3 月被列入第一批全国重点文物保护单位，1991 年 4 月，与北京颐和园、天坛一起被列为全国特殊游览参观点。1997 年 12 月 4 日，拙政园、留园、网师园、环秀山庄作为苏州古典园林的代表，被联合国教科文组织列入《世界文化遗产名录》。2007 年，被评为国家 AAAAA 级旅游景区。拙政园是我国民族文化遗产中的瑰宝，是江南古典园林中的佳作。

（一）历史沿革

拙政园位于苏州姑苏区东北街 178 号，处于苏州城的东北部，南临东北街，北接平家巷，东起道堂巷，西止萧王弄。这一带历史悠久，人文荟萃。

拙政园始建于明正德四年（1509），为明代弘治进士、御史王献臣弃官回乡后，在唐代陆龟蒙宅地和元代大弘寺旧址处拓建而成。园名取晋代文学家潘岳《闲居赋》中"筑室种树，逍遥自得……灌园鬻蔬，供朝夕之膳……此亦拙者之为政也"句意，遂名为"拙政园"。据传，王献臣在建园之期，曾请文徵明为其设计蓝图，形成以水为主、疏朗平淡、近乎自然风景的园林风格。王献臣死后，其子将该园输给徐氏，其家族后亦衰落。崇祯四年（1631），园东部归侍郎王心一所有，改名为"归田园居"。园中部和西部更换主人频繁，清乾隆初，中部"复园"归太守蒋棨所有。咸丰十年（1860），太平军进驻苏州，拙政园为忠王府，相传忠王李秀成以中部见山楼为其治事之所。光绪三年（1877），西部归富商张履谦，改名"补园"。中华人民共和国成立后，在党和政府的关心下，一代名园得到了保护修复，并于 1952 年正式对外开放。

（二）总体布局

拙政园占地面积约 52000 m²，全园分东、中、西三部分，东花园开阔疏朗，中花园是全园精华所在，西花园建筑精美，各具特色（图 3-74）。园南为住宅区，体现了江南地区典型传统民居多进的格局。园南还建有苏州园林博物馆，是一座园林专题博物馆。

图 3-74　拙政园总平面图

中园原为"复园"，是拙政园的主景区，为全园精华所在，面积约 12333.33 m²。其总体布局以水池为中心（图 3-75），水面约占总面积的 1/3。水面有分有聚，临水建有形态各不相同、位置参差错落的楼台亭榭多处。主要景点有远香堂、香洲、荷风四面亭、见山楼、小飞虹、枇杷园等。主厅远香堂为原园主宴饮宾客之所，四面长窗通透，可览园中景色；厅北有临池平台，隔水可欣赏岛山和远处亭榭；南侧为小潭、曲桥和黄石假山；西循曲廊，接小沧浪廊桥和水院；东经圆洞门入枇杷园，园中以轩廊小院数区自成天地，外绕波形云墙和复廊，内植枇杷、海棠、芭蕉、竹子等花木，建筑处理和庭院布置都很雅致精巧，具有江南水乡的特色。

西园原为"书园""补园"，面积约 8333.33 m²，其特点为台馆分峙，回廊起伏，水面迂回，布局紧凑，与中区大池相接。其中，起伏、曲折、凌波而过的水廊、溪涧则是苏州园林造园艺术的佳作。建筑以南侧的鸳鸯厅为最大，方形平面带四耳室，厅内以槅扇和挂落划分为南、北两部分，南部称"十八曼陀罗花馆"，北

图 3-75　拙政园中园景区分布

部名"卅六鸳鸯馆",夏日用以观看北池中的荷蕖水禽,冬季则可欣赏南院的假山、茶花。池北有扇面亭——"与谁同坐轩",造型小巧玲珑。东北部为倒影楼,同东南隅的"宜两亭"互为对景。建筑另有:留听阁、塔影亭、浮翠阁、水廊等。

东园原名"归田园居",明崇祯四年(1631),园东部归侍郎王心一而得此名,面积约 20667 m²。因归园早已荒芜,现有的景物大多为新建,布局明快开朗,以平冈远山、松林草坪、竹坞曲水为主。主要景点有:兰雪堂、缀云峰、芙蓉榭、天泉亭、涵青亭、秫香馆等。拙政园的入口设在南端(图 3-76),经门廊、前院、过兰雪堂,即进入园内。东侧为面积宽阔的草坪,草坪西面的堆土山上有木构亭,四周萦绕流水,岸柳低垂,间以石矶、立峰、临水建有水榭、曲桥。西北土阜上,密植黑松、枫杨成林,林西为秫香馆(茶室)。再西有一道依墙的复廊,上有漏窗透景,又以洞门数处与中区相通。

由于拙政园东园基本为 1959 年、1960 年新建,布局多开阔而少幽深,景观稍显平淡,故本书以介绍中园和西园为主(图 3-77)。

图 3-76 拙政园入口

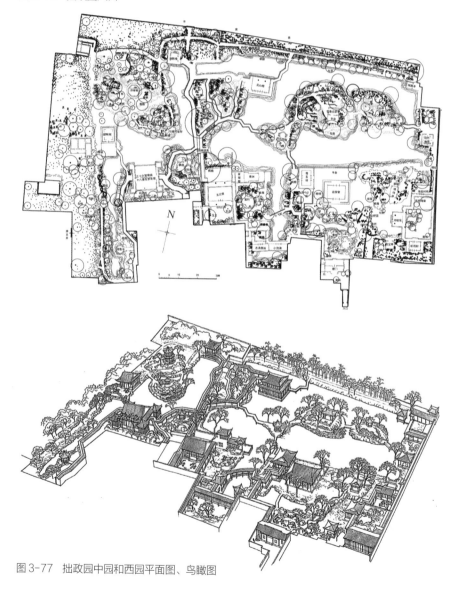

图 3-77 拙政园中园和西园平面图、鸟瞰图

（三）造园特色

1. 以水见长，旷奥交替

拙政园位于江南水乡苏州，河道纵横，地下水位较高，有利于开池引水。同时，苏州雨量较多，挖池引水又可以有助于园内排蓄雨水，营造湿润、空气清新的小气候。此外，拙政园原址低洼积水，也是影响园内形成"池广林茂"空间特色的重要因素。

拙政园中园、西园平面布局以水系为主，以大面积的开阔水面为水景特色（图3-78），进而形成了东西方向开敞的园林水空间。此外，中园水系在西部的南北方向形成了狭长的溪涧水面，增加了水面的纵向景观配置。西园水系除中部的开阔水面外，在园子的东北部和西南部也形成了纵向的狭长水面，水系开合有度，收放自如。

图3-78 拙政园中主水面鸟瞰

在园林平面布局上，为了体现小中见大的空间特征，水体往往迂回曲折，并给人以无边无际的感觉，拙政园中的水系也具有这样的特征。为了营造水的不尽之意，造园者分别通过建筑、桥梁结合水面驳岸的变化，隐藏了水边界。中园水系的南部端头直接与海棠春坞院落相接，并在离端头不远处架以小桥，丰富了水面空间的层次感，达到了隐藏水边界的效果。小沧浪处水边界的处理方式亦是如此，小沧浪建筑北侧有"小飞虹"廊桥架在水面上，分隔了水空间，增加了水景的层次（图3-79）。水从廊桥底部穿过，越过"小沧浪"，又在建筑南侧的小院形成了一泓碧水，水体的端头变成了"水院景区"，处理手法实在巧妙。西部园区的水系北部通过布置"倒影楼"作为狭长水面的收尾，形成了以"倒影"而闻名的景点（图3-80）。

图3-79 小飞虹廊桥

图 3-80　倒影楼

　　拙政园中的水系布局对视线具有引导、控制作用。江南私家园林由于内部面积有限，为了追求小中见大的效果，平面布局大多以水池为中心，景点沿水系周围布置。中心水池除了具有向心性、内聚性的特点外，还将游人的主要视线引向园中心，进而达到隐藏园子边界、扩大空间感的效果。拙政园的水系布局也是如此，利用水系对视线的引导、控制作用，控制水系布局形成了纵横交错的视廊。

　　在空间形态上，拙政园中园水体以三横、两纵共五条溪涧贯穿全园，形成以旷远、幽深见长的水景空间。三条东西向溪涧形成三条纵深的视景长廊，并与山石、岛屿、植物紧密结合，景色平淡天真、疏朗自然。从"梧竹幽居"至"别有洞天"为中园横向最为深远的视廊，其不仅将中园东西方向的景观串联在一起，还将园外的北寺塔引入，使得该方向的视线深远、层次丰富（图3-81、图3-82）。南边的横向水系与假山置石结合，如同一条天然溪涧，与小沧浪水系相连通。北边的横向水系如长长的水渠，和西部的水系相连接。纵向水系一南一北，并与庭院结合，形成相对应的两组水庭院。整体水系布局均衡，统一中蕴含着变化。拙政园西园水系以一横、一纵共三条溪涧形成了水空间，横向的开阔水面形成了西园最主要的观景空间，南北两条溪涧则使得水面蜿蜒曲折、深邃藏幽、引人入胜（图3-83）。

图 3-81 拙政园借景北寺塔（1）

图 3-82 拙政园借景北寺塔（2）

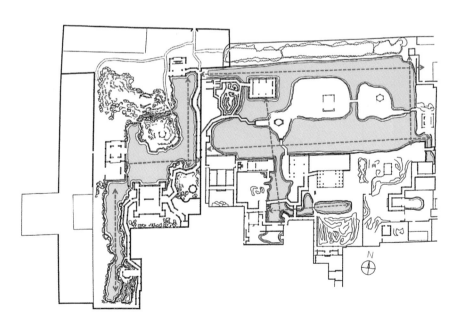

图 3-83 中园、西园水体的八条视线廊道

2. 山水相依，起伏有致

拙政园中的水系占据主导地位，山体处于辅助地位，形成山水相依的总体布局。拙政园中园、西园共有9座山体（图3-84），其中，中园东北部的3座山体和西园的3座山体为全园的6个制高点。雪香云蔚亭所在的山体，是中园的主峰（图3-85）；待霜亭和绣绮亭所在的山体为次峰，均与主峰隔水相望；三峰共同形成了中园的主要地形。西园地形由3座山体形成，山顶分别矗立着浮翠阁、笠亭（图3-86）、宜两亭，三峰相依相望呈西北走向。其中浮翠阁为八角形双层建筑，高耸凌空，成为全园的最高点。中园另有3座体量较小的假山，山体布局与景点相结合，以观赏性为主。

在拙政园的空间格局中，山体作为园林内部竖向空间的主要造景元素，对地形的起伏变化起着决定性的作用。在垂直空间上，山体通过结合植物、建筑等园林要素，形成了景色优美、变化丰富的景观界面。例如，远香堂景区南北部景观层次变化很大，尤其是北部的观景线，依次是水面—山体—建筑—植物—天际线，山体不仅使得竖向景观变化丰富，还起着引导观景视线的作用（图3-87）。

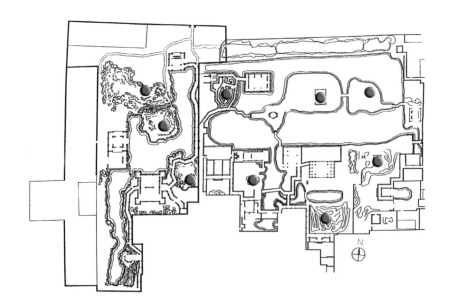

图3-84 中园、西园九座山体位置示意

图 3-85　中园主峰上的雪香云蔚亭

图 3-86　西园山上的浮翠阁与笠亭

北

雪香云蔚亭

绿漪亭　　　　　　　　　　　　　梧竹幽居

图 3-87　中园一池三山景区与远香堂景区南北向剖面图

　　山体不仅起到了控制竖向空间的作用，还具有分隔空间的作用。拙政园池水中的山体将水系分成了南北两部分，在山体之间形成了溪涧，使得原本空间开阔的池水形成了多样的水景区。中园的东、南、西部有四座小山丘，与两座岛屿呈环抱之势，形成山水相依的园林空间。

　　3. 繁花似锦，林木绝胜

　　因为拙政园绿化面积较大，所以在植物方面不仅品种丰富，而且数量很多。历史上，该园即以"林木绝胜"而著称，园内植物的栽植非常巧妙精湛，虽有林木、花卉几千株，但多而不乱，经营得颇有章法。花木与山、水、建筑紧密结合，形成了"乔木参天，有山村杳冥之歌"的城市山林。

　　苏州自然条件比较优越，花木生长良好，种类繁多。据统计，拙政园绿化面积占陆地面积的一半以上，有观花类、观果类、观叶类、林木荫林类、藤蔓类、竹类、草本与水生植物类苗木 2676 株，百年以上古树 27 株，花木种类约在百种以上。在拙政园中，无论四时、八节、晨昏都有景可赏、有花可看，可谓一年无日不看花。春天有玉兰堂的早春玉兰，海棠春坞的海棠花，绣绮亭下的牡丹花、杜鹃花；夏天可在荷香四溢的远香堂赏荷，在荷风四面亭中观莲（图 3-88）；秋天可见待霜亭前的红枫、橘林；冬天可去雪香云蔚亭踏雪寻梅。

　　拙政园在植物选种方面，主要选用当地传统的观赏植物和经济植物，如松、榆、槐、枫、柳、桃、海棠、荷花、梅、竹、女贞等。园林中的花木，以落叶树为主，

南

远香堂　　　　　　　　　　　　腰门

图 3-88　荷风四面亭和旁边的莲花

配合若干常绿树，再辅以藤萝、竹类、芭蕉、草花，构成丰富的植物景观。在大片落叶树和常绿树的混合配置中，利用各种树形的大小、树叶的疏密、色调的明暗，构成富于变化的景色，这些在形成优美的自然山林方面起着重要作用。

　　花木既是园林中造景的素材，也往往是观赏的主题。拙政园里直接以观赏花木为主题或借花木而烘托意境和情趣的景点有多处。早在明代，王献臣始建拙政园时就广植花木。文徵明的《王氏拙政园记》和《拙政园图》记述了园中景物，其中以花木命名的景点，如玫瑰柴、蔷薇径、芭蕉槛等就占一半以上。虽历经时代变迁，但园主们对花木的热爱从未改变。现园中许多建筑物还主要以周围的花木特征命名，以描述景观的特点。如远香堂、倚玉轩、雪香云蔚亭、待霜亭、梧竹幽居、松风亭、柳荫路曲、十八曼陀罗花馆等。为突出某一主题时，常选择同一品种的花木，或以某一品种为主辅以其他品种，并与周边建筑及山石结合起来，共同表现该景点主题（表3-2）。

表3-2　拙政园各景点的主题植物

景点	最佳观赏期	色彩	主栽植物	配置特点
雪香云蔚亭	2—3月	白	梅花	亭周散植，迎春等配景
兰雪堂	3—4月	白	玉兰	堂前对植，白皮松等配景
玉兰堂	3—4月	白	玉兰	堂前对植，南天竹等配景
绿漪亭	3—4月	绿、红	柳、碧桃	河边列植，翠竹配景
海棠春坞	4月	红	海棠类	房前孤植，竹丛配景
绣绮亭	4月中、下旬	红、白等	牡丹花	山坡丛植，书带草等配景
十八曼陀罗花馆	4—5月	红、白	山茶	堂前对植，白皮松配景
听雨轩	春夏雨日	绿	芭蕉	庭园丛植
涵青亭	春夏	绿	萍、藻类	水面栽植，乔林配景
嘉实亭	5—6月	绿	梅子	亭周散植，枫杨相配
枇杷园	6月	黄	枇杷	梯田状花坛群植，灌木配景
芙蓉榭	6—7月	绿、粉红	荷花	水面点植
荷风四面亭	6—7月	绿、粉红	荷花	水面点植
远香堂	6—7月	绿、白	荷花	水面点植
香洲	夏季	绿、粉红	荷花、萍、藻类	水面栽植
梧竹幽居	夏秋	绿	梧桐、慈孝竹	交互丛植
留听阁	秋季雨日	绿、黄	荷叶	水面点植
秫香馆	10—11月	稻香	稻秫	借园外粮田秋熟稻香
待霜亭	10—11月	红、黄	柑橘	亭周山坡散植，乔林配景
得真亭	冬季	深绿	圆柏	双对植
听松风处	四季	绿	黑松	孤植，藻丛配景
倚玉轩	四季	绿	慈孝竹	树坛丛植

荷花、山茶、杜鹃是拙政园的三大名花。

远香堂、芙蓉榭、留听阁、荷风四面亭、香洲等景点因荷而名。因荷花以出淤泥而不染、香远益清的品格，拙政园在历史上以荷花为主要花卉的植物造景传统延续至今。夏日盛开的荷花成为拙政园的传统名花。从1996年起，一年一度的拙政园荷花节成为人们喜爱的荷花盛会。展览期间，缸荷、碗莲与7000 m²的荷塘交相辉映，形成"接天莲叶无穷碧，映日荷花别样红"的胜景。

拙政园的宝珠山茶，在历史上长期享有盛名。清顺治时，诗人吴伟业就作有《咏拙政园山茶花》。之后三百年间，骚人墨客题咏唱和不绝。清光绪年间，补园主人张履谦建十八曼陀罗花馆，因植名种山茶18株而得名。山茶作为拙政园中除荷花之外另一种传统名花，也与拙政园的历史兴衰密不可分。

拙政园的杜鹃花栽培于20世纪60年代，从盆景园内栽培开始，经过多年的精心培育，已在苏州市乃至全国杜鹃花行业里占有一席之地。虽然与荷花、山茶相比历史较短，但发展迅速，每年春天的杜鹃花节，也成为拙政园的特色项目，杜鹃花成为园内一道亮丽的风景线。

另一著名景点为文徵明手植紫藤，在古戏台前的小庭院内。这株紫藤已经历四百多年的风雨，如今虬干苍劲，开花时垂串紫玉，成为历史的见证（图3-89）。

图3-89 文徵明手植紫藤

4. 尺度相宜，比例协调

苏州古典私家园林在不大的面积内既要容纳大量建筑物，又要构筑自然山水，存在着一定的矛盾。拙政园因为园林的面积较大，在这方面占了一定的优势，有足够的空间来建造各种不同功能和形式的园林建筑。整个园中共有园林建筑四十几处，主要集中分布在中园和西园，包括厅、堂、轩、馆、楼、阁、榭、舫、厅、廊等，类型丰富，形式多样（表3-3、表3-4）。

表3-3 拙政园建筑类型与功能

建筑类型	建筑名称	建筑功能
堂	兰雪堂、远香堂、玉兰堂	会客聚友、理事、礼仪
馆	秫香馆、玲珑馆、卅六鸳鸯馆、十八曼陀罗花馆	起居、会客、游宴、观剧、听曲
楼	见山楼、倒影楼	登高望远
阁	小沧浪、松风水阁、浮翠阁、留听阁	休憩、观景
轩	听雨轩、倚玉轩、与谁同坐轩	点景、休憩、观景
舫	香洲	游玩、小聚、观景
亭	天泉亭、放眼亭、涵清亭、嘉实亭、绣绮亭、倚虹亭、梧竹幽居、绿漪亭、待霜亭、雪香云蔚亭、荷风四面亭、别有洞天半亭、得真亭、宜两亭、笠亭、塔影亭	点景、观景、休憩、纳凉、避雨
榭	芙蓉榭	休憩、观景
廊	复廊、重廊、波形水廊、柳荫路曲	组织空间、交通、休息
廊桥	小飞虹	行走、游览
房	海棠春坞	读书、作画、练琴

表3-4 拙政园各建筑的形状

建筑形状	建筑名称
正方形	梧竹幽居、倒影楼、嘉实亭、绿漪亭
长方形	兰雪堂、秫香馆、放眼亭、芙蓉榭、远香堂、玉兰堂、海棠春坞、玲珑馆、见山楼、小沧浪、松风水阁、留听阁、听雨轩、倚玉轩、绣绮亭、雪香云蔚亭、别有洞天半亭、倚虹亭、得真亭
六角形	待霜亭、宜两亭、荷风四面亭
八角形	天泉亭、浮翠阁、塔影亭
圆形	笠亭
扇形	与谁同坐轩
凸字形	涵清亭
曲折形	复廊、重廊、波形水廊、柳荫路曲、小飞虹
组合形	卅六鸳鸯馆、十八曼陀罗花馆、香洲

另外，建筑屋顶的形式，有歇山、硬山、攒尖等。这些园林建筑的样式是根据地形和设景的需要选择的，其结构也不拘定式，还多被命名为景点名称，可见建筑在园林中的重要性。

　　在造园过程中掌握比例尺度是很重要的，在小面积的园林里，为了使空间显得开阔，建筑物的尺寸不得不偏小。拙政园面积大，因此建筑尺度可大可小，大的厅堂如中园的主要建筑远香堂，占地面积 180 m^2，西园的主要建筑鸳鸯厅占地面积 158.5 m^2。远香堂为单檐歇山顶，面阔三间，华丽庄重，是中园的主要厅堂。由于周围环境开阔，故为四面厅，便于四面观景，一览无余（图 3-90）。其他如见山楼（图 3-91）、倚玉轩、玉兰堂、香洲（图 3-92）的面积也都在 100 m^2 左右。一般的亭、台、轩、榭面积在几十平方米左右，另外如与谁同坐轩、笠亭、荷风四面亭、松风水阁（图 3-93）等才几平方米。这些大小不一、尺寸各异的园林建筑，因不同功能、不同形态，以厅堂为主，高处置亭，水际安榭，各就其位，布局协调。东园因是后来改建，以平冈草地为主，园林尺度偏大，建筑物少，于是秋香馆、天泉亭（图 3-94）的规模远远超过旧式厅堂，其尺度与开阔的园景颇为相称。

图 3-90　远香堂

图 3-91　见山楼

图 3-92　香洲

图 3-93 松风水阁

图 3-94 天泉亭

5. 匾联诗文，意境深邃

如前所述，拙政园的最初建造者王献臣取潘岳《闲居赋》中的意蕴而造园。后有明四家之一的文徵明为拙政园绘图、作记、咏诗。此后，历代又有诸多文人、画家为拙政园绘图、赋诗、作词。

从一开始，拙政园就按照诗和画的创作原则建造，并刻意追求诗情画意一般的艺术境界。拙政园现有匾额 45 块、对联 22 幅、门额砖刻 19 块。这些深邃的意境为拙政园增添了光彩，也给了人们无限的遐想空间。例如，雪香云蔚亭，亭四周的枫、柳、松、竹相互交织，互相掩映，亭南柱有对联一副——"蝉噪林愈静，鸟鸣山更幽"，只两句诗便巧妙地为狭小的人工园林赋予了天然的山野之趣，勾画出一副清新幽静的山林之境。

园林景观的意境，还经常借匾联的题词来破题，有助于启发人们的联想，以增强感染力。拙政园西园的与谁同坐轩（图 3-95）内仅一几两椅，却借宋代大诗人苏轼《点绛唇·闲倚胡床》中"与谁同坐。明月清风我"的佳句，抒发出一种高雅的情操与意趣。轩题额两旁悬挂的是诗句联"江山如有待，花柳更无私"，出自杜甫诗《后游》。

图3-95　与谁同坐轩及其内部匾联

　　此外，园中的绣绮亭、小飞虹、宜两亭、浮翠阁等景点都以诗情画意来命名，也较真切地反映了园林景观的真实意境。

（四）趣闻轶事

文徵明（1470—1559），南直隶苏州府长洲县（今江苏苏州）人，初名璧，以字"徵明"闻名于世，另有字征仲，因祖籍衡山，又号"衡山居士"，曾为翰林院待诏，故又称"文待诏"（图3-96），明代画家、书法家、文学家、鉴藏家。文徵明诗、文、书、画无一不精，人称"四绝"。在画史上与沈周、唐寅、仇英合称"明四家"；在文学上，与祝允明、唐寅、徐祯卿并称"吴中四才子"。

1527年，文徵明回到苏州老家隐居，开始全身心投入文人画的创作中，在苏州的名气日盛，形成了交往频繁的文人画家

图3-96　文徵明

圈子。他还与致仕归乡的侍御王献臣等士人交往甚密，形成了雅好相同的文人圈子。

王献臣曾多次邀请文徵明为拙政园绘制园图，第一次是明正德八年（1513），嘉靖七年（1528）绘《为槐雨先生作园亭图》，嘉靖十二年（1533）绘《拙政园三十一景图》，嘉靖三十年（1551）绘《拙政园十二景图》，此外还有一幅纪年不详的《拙政名园图》。其中最重要的便是《拙政园三十一景图》。作品为绢本设色，共三十一开，每开为拙政园一景点，对页均有文徵明用正草隶篆四体为之题写的小序。清代书法家钱泳为此题名"衡山先生三绝册"，谓诗、书、画三绝之佳作。

明代造园活动的兴盛及文人对生活情趣的重视，使得文人画家从描绘丘壑山林的山水画向描绘园林生活的园林绘画转变。其中，文徵明学画于沈周，学文于吴宽。而《东庄图册》又是沈周为吴宽的园林所作。由此对比《拙政园三十一景图》，可见文徵明对《东庄图册》在题诗、图制和明代早期空旷意境上的借鉴。

《拙政园三十一景图》的顺序为：梦隐楼、若野堂、繁香坞、倚玉轩、小飞虹、芙蓉隈、小沧浪、志气处、柳隩、意远台、钓碧、水华池、净深亭、待霜亭、听松风处、怡颜处、来禽囿、得真亭、珍李坂、玫瑰柴、蔷薇径、桃花沜、湘筠坞、槐幄、槐雨亭、尔耳轩、芭蕉槛、竹涧、瑶圃、嘉实亭、玉泉（图3-97）。

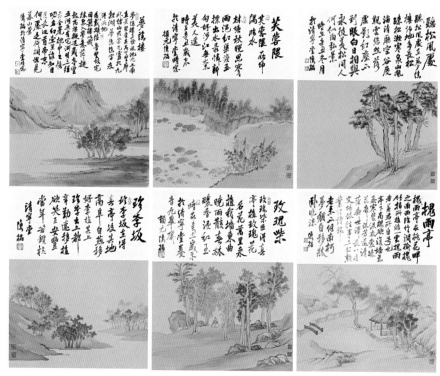

图 3-97　明代文徵明《拙政园三十一景图》（部分）

　　《拙政园三十一景图》对研究拙政园最初的造园格局和园林面貌具有重要价值。清代吴骞在《文待诏拙政园图并题咏真迹跋》中提道："园虽尚存，其中花木台榭，不知几经荣悴变易矣。幸留斯图，犹可征当日之经营位置，历历眉睫。又如身入蓬岛阆苑，琪花瑶草，使人应接不遑，几不知有尘境之隔，又非所谓若有神物护持者耶？"钱泳在《文待诏拙政园图题跋》中也写道："今读衡翁（文徵明）之画，再读其记与诗，恍睹乎当时楼台花木之胜。而三百年之兴废得失，云散风流者，又历历如在目前，可慨也矣。"

　　文徵明将对拙政园的喜爱全凝聚到他的画中，将园中的庭院、山石、花木及建筑的形态描摹得惟妙惟肖。因此，《拙政园三十一景图》是研究文徵明书画艺术、拙政园乃至中国古典造园艺术的珍贵史料，特别是对考查明代拙政园面貌有着重要意义，能一窥拙政园最初之貌。而清代拙政园的面貌，基本可以从如今的拙政园看到端倪。

二、留园——吴下名园，宽敞华丽

留园位于苏州市姑苏区留园路 338 号，是我国大型古典私家园林，占地面积 23300 m²，代表典型的清代园林风格。留园以建筑艺术精湛而著称，厅堂宽敞华丽，庭院富有变化，太湖石以冠云峰为最，有"不出城郭而获山林之趣"的美誉。留园于 1961 年被列入第一批全国重点文物保护单位，1997 年 12 月，留园作为苏州古典园林典型例证，经联合国教科文组织批准，与拙政园、网师园、环秀山庄共同列入《世界文化遗产名录》。2007 年，留园被评为国家 AAAAA 级旅游景区。

（一）历史沿革

留园始建于明万历二十一年（1593），为太仆寺少卿徐泰时的私家园林，时人称"东园"，其时东园"宏丽轩举，前楼后厅，皆可醉客"。园中瑞云峰"妍巧甲于江南"，由叠山大师周时臣所堆之石屏，玲珑峭削"如一幅山水横披画"。今中部池、池西假山下部的黄石叠石，似为当年遗物。

徐泰时去世后，东园渐废。清乾隆五十九年（1794），此园为吴县东山刘恕所得。刘恕在东园故址改建新园，于嘉庆三年（1798）始建成。因多植白皮松、梧竹，竹色清寒，波光澄碧，故更名"寒碧山庄"，俗称"刘园"。当时有内园和外园之分，内园即刘恕的居室，外园即园林部分。刘恕喜好书法、名画，他将自己撰写的文章和古人法帖勒石嵌砌在园中廊壁。后代园主多承袭此风，逐渐形成今日留园多"书条石"的特色。刘恕爱石，治园时，他搜寻了"十二名峰"移入园内，并撰文多篇，记寻石经过，抒仰石之情。嘉庆七年（1802），著名画家王学浩绘《寒碧庄十二峰图》。

清咸丰十年（1860），苏州遭兵燹，街衢巷陌，毁圮殆尽，唯寒碧山庄幸存下来。同治十二年（1873），园为常州人盛康购得，修缮加筑，使园林面积扩大到 2.7 公顷，于光绪二年（1876）完工。其时园内"嘉树荣而佳卉苗，奇石显而清流通，凉台燠馆，风亭月榭，高高下下，迤逦相属"（俞樾《留园记》），比昔盛时更增雄丽。因前园主姓刘而俗称"刘园"，盛康乃仿袁宏道随园之例，取其音而易其字，改名"留园"。盛康殁后，园归其子盛宣怀，在他的经营下，留园声名愈振，成为吴中著名园林，俞樾称其为"吴下名园之冠"（图 3-98）。

图 3-98　留园入口与门厅

　　20 世纪 30 年代以后，留园渐见荒芜。1953 年，苏州市政府决定修复留园，并邀请了一批学识渊博的园林专家和技艺高超的古建工人，经过半年的修整，一代名园重现光彩。此后又修复了盛家祠堂和部分住宅，使原来宅、园相连的风貌进一步趋向完整。

（二）总体布局

留园的整个园林采用不规则布局形式，使园林建筑与山、水、石相融合而呈天然之趣。利用云墙和建筑群把园林划分为中部、东部、北部、西部四个不同的景区（图3-99）。中部以山水见长；东部以厅堂庭院建筑取胜；北部陈列数百盆朴拙苍奇的盆景，一派田园风光；西部颇有山林野趣。其间以曲廊相连，迂回连绵，长达700余米，通幽度壑，秀色迭出（图3-100）。

中部是原来寒碧山庄的基址，中辟广池，西、北为山，东、南为建筑。假山以土为主，叠以黄石，气势浑厚。山上古木参天，呈现出一派山林森郁的气氛。山曲之间水涧蜿蜒，仿佛池水之源。池南的涵碧山房、明瑟楼是留园的主体建筑，楼阁如前舱，敞厅如中舱，形如画舫。楼阁东侧有绿荫轩，小巧雅致，临水挂落于栏杆之间，涌出一幅山水画卷。涵碧山房西侧有爬山廊，随山势高下起伏，连接山顶的闻木樨香轩。山上遍植桂花，每至秋日，香气浮动，沁人心脾。此处山

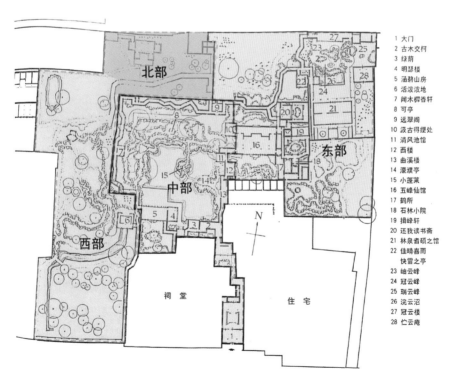

1　大门
2　古木交柯
3　绿荫
4　明瑟楼
5　涵碧山房
6　活泼泼地
7　闻木樨香轩
8　可亭
9　远翠阁
10　汲古得绠处
11　清风池馆
12　西楼
13　曲溪楼
14　濠濮亭
15　小蓬莱
16　五峰仙馆
17　鹤所
18　石林小院
19　揖峰轩
20　还我读书斋
21　林泉耆硕之馆
22　佳晴喜雨
　　快雪之亭
23　岫云峰
24　冠云峰
25　瑞云峰
26　浣云沼
27　冠云楼
28　伫云庵

图 3-99　留园分区

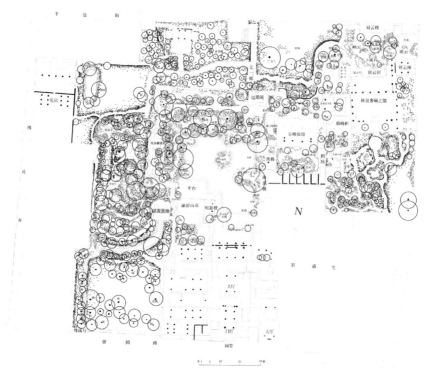

图3-100 留园平面图

高气爽，环顾四周，满山景色尽收眼底。池中的小蓬莱岛浮现于碧波之上。池东濠濮亭、曲溪楼、西楼、清风池馆掩映于山水林木之间，进退起伏，错落有致。池北山石兀立，洞壑隐现，可亭立于山冈之上，有凌空欲飞之势。

东部重门叠户，庭院深深。院落之间以漏窗、门洞、长廊沟通穿插，互相对比映衬，成为苏州园林中院落空间最富变化的建筑群。主厅五峰仙馆俗称楠木厅，厅内装修精美，陈设典雅。其西，有鹤所、石林小院、揖峰轩、还我读书斋等院落，竹石倚墙，芭蕉映窗，满目诗情画意。林泉耆硕之馆为鸳鸯厅，中间以雕镂剔透的圆洞落地罩分隔，厅内陈设古雅。厅北矗立着著名的留园三峰，冠云峰居中，瑞云峰、岫云峰屏立左右。冠云峰高6.5 m，玲珑剔透，相传为宋代花石纲遗物，系江南园林中最高大的一块湖石。峰石之前为浣云沼，周围建有冠云楼、冠云亭、冠云台、仁云庵等，均为赏石之所。

西部以假山为主，土石相间，浑然天成。山上枫树郁然成林，盛夏绿荫蔽日，深秋红霞似锦。至乐亭、舒啸亭隐现于林木之中。登高望远，可借西郊名胜之景。山左云墙犹如游龙起伏。山前曲溪蜿蜒，流水淙淙。东麓有水阁"活泼泼地"，横卧于溪涧之下，令人有水流不尽之美感。

北部原有建筑早已废毁，现广植竹、李、桃、杏，"又一村"等处搭有葡萄、紫藤架。其余之地辟为盆景园，花木繁盛，犹存田园之趣。

留园以宜居宜游的山水布局、疏密有致的建筑空间对比、独具风采的石峰景观，成为江南园林艺术的杰出典范。

（三）造园特色

1. 理水自然，开合有致

留园的理水方式主要有两种，分别是中部的集中水面和西部"活泼泼地"的分散水面。中部的水面开阔宁静，衬着涵碧山房、明瑟楼等园中主要建筑，令人感觉大气不已（图3-101、图3-102）；西部的水面设计与假山相和，充满了流动性，给人以"山穷水尽疑无路"之感。

留园中部水空间在中部景区中处于中央位置，主体为较开阔的水域，具有统筹整个景区、积聚空间的作用，全区山体、建筑围绕水体空间展开。游线沿水体边缘环绕，或经过平台，或穿过明暗变化的建筑廊道，或经平地或山路。游线周边建造涵碧山房、明瑟楼、绿荫、曲溪楼、濠濮亭、西楼、清风池馆、可亭、亲水平台以及结合山体空间的步道等，人工建筑与自然山石俱存，错落有致，富于竖向及体量变化，并互为对景，构成观景的多条视线关系。池中一大一小两个岛经桥的连接可进入通行。其中较大的小蓬莱岛（图3-103、图3-104）与两桥连接，结合坐南朝北的濠濮亭划分出相对独立的空间，整体水面形成一大一小两个空间。驳岸结合山石、建筑平台，塑造出曲折多变的水池岸线，形成半岛、湾等形态。

水体西北角结合山石塑造以线状空间形态为基础的山涧（图3-105），结合两侧山石，构成造2 m深、0.9～1.2 m宽、15 m长的狭窄水道，形成水体源头形式。

东园中的浣云沼主要是为塑造冠云楼前的庭园景观服务，衬托主体景石冠云峰（图3-106）。于南侧观景面观察，在景石前形成横向线状水体，虽水体体量较小，但依旧讲求源头处理、亲水亭台的修建理念（图3-107）。

图 3-101　留园中部大水面（1）

图 3-102　留园中部大水面（2）

图 3-103　留园中部水体中的小蓬莱岛（1）

图 3-104　留园中部水体中的小蓬莱岛（2）

图 3-105　留园西部山涧

图 3-106　冠云峰与浣云沼

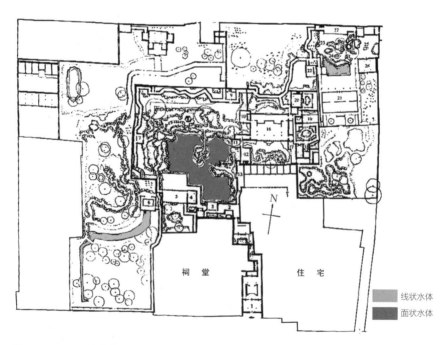

祠　堂　　　　住　宅

线状水体

面状水体

图 3-107　留园水体空间形态分析

2. 重峦叠嶂，玲珑多姿

留园各景区筑山叠石的风格有所不同，中部假山为明末周秉忠叠置的"石屏山"，后经多次改建，成为黄石、湖石混叠，艺术价值有所折损。西部假山以土为主，叠以黄石，气势浑厚，山上古木参天，山林葱郁。东部则多采用象征的手法，大量使用特置石峰。

留园中部水体北侧的山体空间为北景观面的主要构景要素。游人在南面平台观赏，则形成前水后山的整体景观。与西侧山体相通连，竖向上相互配合，共同构成水景源头。将北侧的折廊部分屏蔽于山后，划分出另一层空间。山体本身为较大的块状空间，层层叠砌，复杂曲折。

中部山体游路曲折变换、收放有致，形成变化丰富的线状山石空间。通过对比屏障，形成若干空间，沿水岸方向依山势的高低错落变化。山上较高处设有观景平台，建有可亭，旁栽植有银杏古树两棵，树冠相连，生长繁茂（图 3-108）。此山与涵碧山房隔池相对，形成南北对景。山沿池呈东西走向，长 36 m，南北宽 14 m，高约 4 m。上有石径两条，一条往上至可亭，一条沿池高低曲折至小蓬莱岛的曲桥。

闻木樨香轩（图 3-109）东侧的山体体量相对小，空间层次明了单一，又不乏趣味，形成一系列高低错落的线状山石空间。此山原与西部土山相连，后经改造，"穿深为池，增高为冈"，造就了现今这样的轮廓。山呈南北走向，与可亭所处假山以一涧相隔，山长 27 m，东西宽 16 m，高 4 m 有余。沿云墙有爬山廊可至山顶。山体南部有一条步道逐级抬高，向北延伸，形成两条竖向高度不同的游步道贯穿山体，至北侧则分为不同高度的支路，形成向水面渐低的总体两层、局部变化的台层结构。

西部景区的山石为造景主题，以土为主，土石相间，山东西宽 24 m，南北长 60 m，高 7 m 左右，山势北陡南缓，南坡下有小溪清流，绕山脚朝西南而去。结合种植区域周边的置石，形成不同层次，营造具有山林野趣的整体空间特征。顶部置有舒啸亭（图 3-110）。

总体来说，留园中的山体在总体上体量大小由西至东呈现递减趋势，在所处景区的作用也逐步由造景主体、空间骨架再到作为建筑的附属装饰，重要性呈现递减趋势。西部山体为景区主体，体量较大，整体呈块状，线状水体为辅，沿南侧迂回。中部景区山体位于西北侧，呈 L 形，参与围合整个向心空间。

图 3-108　留园中部山体及山顶的可亭

图 3-109　留园中部山麓的闻木樨香轩

图 3-110　留园西部山顶的舒啸亭

置石及山石组成的花台等小品是主体山体的延伸，由景园渗入厅堂、庭院中，形成整体感强烈的山石空间。

留园东部的"五峰仙馆"南面院中靠墙处叠有太湖石山一座，为竖向变化的线状山石通行空间（图3-111）。山有东西二洞，入东洞可以从中上山。西洞边有石径，石径边的假山下砌有湖石牡丹花台，顺石径可至山上。山上有径可入西楼楼内。其山，西到西楼，东至鹤所，长约25 m，高5.2 m。山玲珑峭削，藤萝悬挂，松立岩中。

留园中部的明瑟楼室内无楼梯，于楼南建"一梯云"楼山。上楼需从其旁的假山石径中曲折而上，沿南墙北折过天桥入楼。山全为湖石所掇，高与楼面相平。山虽不大，但高耸嶙峋，其下离建筑稍远，看来颇有深意。峰立于道旁，把山径隐去，使人不觉其山有路，有峰回路转之妙，叠造精致之巧（图3-112）。

图3-111　五峰仙馆南庭园的假山

图3-112　明瑟楼与一梯云

3. 林木清幽，托物言志

留园内古木参天，清静幽雅，富有自然山林之野趣。据统计，园内现有乔木41种、灌木67种、攀缘植物11种、地被和草坪9种、水生植物2种、竹类至少14种。这些花木根据植物的不同种类、姿态、色香等特点，在配植上有不同的形式。

留园中较大植物群落集中结合山体进行布置。中部可亭周围山体以银杏作为主题树种，夹杂种植枫、杨、柏、榆等乔木进行搭配。北部"又一村"形成杏李园、桃李园等田园果林（图3-113）。西部山体则以枫林为主，配以竹与少量银杏进行种植。青枫枝干优美婀娜、树冠丰满，成片相连形成树荫，营造山野林地风貌，并于秋季体现层次丰富的色叶季相变化（图3-114）。

留园在植物配置中注重托物言志，借物喻人。闻木樨香轩周围种植桂花林，以芳香见长，形成园中引人入胜的景色。闻木樨香轩之名具有浓浓的禅意，"闻木樨香"即悟道之意。禅书《五灯会元》中记载：北宋黄庭坚学禅不悟，问道于

图3-113　又一村

图 3-114 留园中的青枫

高僧晦堂，晦堂诲之曰："禅道无隐。"但庭坚不得其要领。晦堂趁木樨盛开时说："禅道如同木樨花香，虽不可见，但上下四方无不弥满，所以无隐。"庭坚遂悟。修禅悟道是中国士大夫追求的高尚行为，而当时的园主盛康也是如此，以"闻木樨香"的典故表达自己的高洁志向。此外，园中大量以国色天香的花中之王——牡丹作为观赏对象，暗喻自己的高贵品格。

留园中单棵植物的孤植形式也很常见。中部池南的一株青枫，在竖向空间上将低矮的绿荫轩与高大的明瑟楼连为一体（图 3-115）。入口处的"古木交柯"则以枝干优美见长，构成空间主景（图 3-116）。曲溪楼前的枫杨使得景观构图更加丰富（图 3-117）。"华步小筑"小院内的空间尺度较小，因此种植爬墙虎，使有限的空间绿意浓郁（图 3-118）。

图 3-115　绿荫轩与明瑟楼

图 3-116　古木交柯

图 3-117 曲溪楼

图 3-118　华步小筑

4. 重楼叠阁，错落有致

江南宅第园林的特征是以建筑为主，正如计成《园冶》中说："凡园圃立基，定厅堂为主，先乎取景，妙在朝南。"著名园林学家陈从周先生在《续说园》中也提道："我国古代造园，大都以建筑物为开路。私家园林，必先造花厅，然后布置树石，往往边筑边拆，边拆边改，翻工多次，而后妥帖。"因此，建筑布局的优劣，会直接影响到整个园林的欣赏品质。

留园规模较大，建筑数量较多，建筑面积约占全园面积的 26%。园林建筑类型多样，形式富于变化，有亭、阁、轩、馆等建筑 42 处。厅堂宽敞华丽，长廊迤逦，漏窗、空窗等建筑小品意境隽永，有匾额 15 块、砖额 18 块、石刻 2 块、对联 2 副、书条石 372 块。

留园可以说是苏州古典园林中建筑布局最有特色的，是经过仔细推敲的结果。它的建筑密度达到 20% 左右，重楼叠阁，装饰精良，雅致简远，建筑和庭院的空间组合得最为巧妙（图 3-119、图 3-120）。

图 3-119 涵碧山房

图 3-120 林泉耆硕之馆

总体来说，留园的建筑布局有三个特点：

①功能为先。留园的建筑布局和空间组合有实用功能要求的考虑。以留园东部的五峰仙馆为例，它之所以布置于此，是因为它南面的庭院里有五座假山石，可以为饮茶的人们增添景致。其东面的会客建筑群作为举行大型宴会前客人暂时歇息的地方，客人们可以在这里闲坐、交谈、下棋、听琴、阅书、赏花、品茗、嬉戏。

②疏密得宜。留园的建筑呈极不均匀的分布，疏密对比强烈，有的地方十分稀疏，有的地方又十分密集，以获得密中有疏、小中见大的效果。

以中部山水区为例，为了使以水池为中心的主要空间更加开阔，除了使建筑小巧、池岸低矮、石桥低平临水外，在建筑布局上，把池面东南角和西北角空出，布置湖石和绿化，然后使建筑都退居在树丛、假山之后。而池面在这两个角位还因地势形成了伸出水的湾角，跨上了平折的曲桥及小拱桥，使水面有源头不尽之意。这样，中部空间进一步扩大，使视线进一步获得了延伸。同时，池西北、东南两角的建筑处理以"虚"为主，池东北、西南角以"实"为主，交错布局，形成对比。

③曲折有致。大多数古典园林是用游廊来连接各个单体建筑，从而使建筑群体组合曲折蜿蜒、富于变化。留园却不是如此，它的建筑是直接衔接的，使其空间互相交错穿插，给人以曲折迂回的感觉（图3-121）。

图3-121 留园中部与东部建筑空间分析

（四）趣闻轶事

参观苏州留园的游客，很多是慕冠云峰之名去的。冠云峰在清末民初，凭借留园第四任主人盛康的显赫地位，迅速打开了知名度，被誉为"江南四大名石"之一。

其实除了冠云峰之外，留园里的其他石头也各有各的欣赏点。

早在明万历年间，太仆寺少卿徐泰时建造东园的时候，就让这座园子凭借园林奇石出了名。他在园中摆放了三座北宋花石纲遗物：瑞云峰、紫云峰、观音峰。它们被后人称为最早的"留园三峰"。

正因为如此，到了清嘉庆初年，留园的第二任主人刘恕才会兴高采烈地买下东园旧址，在这里建造寒碧山庄，但那三块石头早就不在了。在中国艺术收藏史上，刘恕可是一位大名鼎鼎的奇石发烧友，他当然无法接受这个现状。于是短短五年内，就在全国各地搜集了十二块奇石，散置在园中各处，并给自己起了一个雅号——"一十二峰啸客"。

与花石纲相比，这十二块石头当然是无名之辈。但在刘恕的各种宣传之下，它们终于迎来了一波又一波关注。当时，昆山画家王学浩正借居在寒碧山庄，刘恕便邀请他为自己画了一套《寒碧庄十二峰图》（图 3-122）。创作完成后，王学浩来了兴致，又在上面题了几首诗。接着，刘恕又邀请潘奕隽、瞿应谦、徐崧、孙铨等一帮名士，陆续在画上题诗作文，甚至还亲自写了几句，终于让自家园子再次凭借园林奇石而闻名。

通过《寒碧庄十二峰图》上的诗文可以知道，这十二块奇石的名字如下：印月峰、青芝峰、鸡冠峰、奎宿峰、一云峰、拂袖峰、玉女峰、猕猴峰、仙掌峰、累黍峰、箬帽峰、干霄峰。而且它们的名字，大部分跟自身形状有关。比如仙掌峰，看起来就像一只伸向天空的手掌。

在这十二峰里面，刘恕最偏爱的是干霄峰。其他十一峰，都是太湖石。唯独干霄峰是斧劈石，像一根巨大的石笋。按照刘恕《干霄峰记》里的说法，这块石头本来躺在苏州虎丘的沙土里无人赏识，多亏他自己眼光好，才派人用船运到了园中。为此，他还专门写诗称赞说："耿耿青天插剑门，雕云镂月有陈根。孤庭独立三千丈，万笏吴山一气吞。"

就在"留园十二峰"打出名声后不久，刘恕又陆续得到了独秀、晚翠、段锦、竞爽、迎辉五块奇石，甚至还得到了拂云、苍鳞两支松皮石笋。于是，他在园内东部建

图 3-122　清代王学浩《寒碧庄十二峰图》

造了一处专门赏石的"石林小院"。仅仅半亩的一片天地，由于这些奇石和各种花窗、门洞的存在，形成了一幅步移景异的立体画卷。院内主建筑的名字参考"米芾拜石"的典故，取名为"揖峰轩"（图 3-123）。

图 3-123　石林小院与揖峰轩

　　刘恕对园林奇石的狂热深深影响了后来的盛康。盛康把园子改称为"留园"之后，不仅把刘恕生前没机会买进家门的冠云峰收到园中，而且在冠云峰两侧添置了岫云峰和新的瑞云峰，组成了新的"留园三峰"（图3-124）。

　　更重要的是，盛康模仿刘恕建造石林小院的做法，为冠云峰建造了更著名的"冠云峰庭院"，里面有冠云楼、冠云台、冠云亭等一系列建筑，专门用来在不同角度欣赏冠云峰。后来，冠云峰不但成了整个庭院的焦点，而且成了整座留园的代表景点。

图3-124　留园三峰——冠云峰、瑞云峰、岫云峰

第四节 扬州古典名园

一、个园——国内孤例，一园四季

个园位于扬州市广陵区东北隅，盐阜东路 10 号，由两淮盐商首总黄至筠于清嘉庆二十三年（1818）在原明代寿芝园的基础上拓建为住宅园林。这座清代扬州盐商宅邸私家园林，以遍植青竹而名，以春夏秋冬四季假山而胜。个园以叠石艺术著名，笋石、湖石、黄石、宣石叠成的春夏秋冬四季假山，融造园法则与山水画理于一体，被园林学家陈从周先生誉为"国内孤例"。个园现为全国重点文物保护单位、国家AAAA 级旅游景区、中国四大名园之一，已入选《世界文化遗产名录》（图 3-125）。

图 3-125　个园大门与中国古建筑学泰斗罗哲文先生题字

（一）历史沿革

个园历经明代的寿芝园、清代安麓村宅院，最终由园主人黄至筠据旧址扩建改造而成。清嘉庆二十三年（1818），两淮盐业商首总黄至筠购买旧园遗址，耗资巨大，历经 20 多年改造成以竹和假山石为特色的个园。黄至筠喜欢竹子，不仅仅体现在他的名字中，更在园中栽植近万株竹子，并取"竹"之半，又取苏轼"可使食无肉，不使居无竹，无肉令人瘦，无竹令人俗"之意，将园子命名为"个园"。刘凤浩所撰《个园记》有记载："园内池馆清幽，水木明瑟，并种竹万竿，故曰个园。"

清咸丰年间，个园曾经兵燹，虽无多大损坏，但也逐步走向萧条。同治年间，个园被卖给镇江丹徒盐商李文安，后李家负官债，军阀徐宝山逼李家用个园抵债。1949 年后几经修复，终于重现盛景。

（二）总体布局

个园从平面布局来看可分为三个部分，由南向北分别是住宅、庭院和竹林，与其他江南古典园林相比，布局规整，住宅和庭院所占比例接近相等（图 3-126）。个园住宅部分的建筑原为四进三路，历经几代风雨，如今，前进的雕砖门楼等已不存在，现为三进三路。住宅后面为庭院，也是个园的核心部分，庭院楼阁、湖水和假山石交相辉映，古树竹影，水光山色，布局精致优雅，因地制宜（图 3-127、图 3-128）。除了以栽植竹子为特色，个园中假山的营造更是展现了其造园艺术。

个园最负盛名者是以笋石、湖石、黄石、宣石叠成的春夏秋冬四季假山，叠石艺术高超，以石斗奇，令人叹为观止。造园者采用分峰用石的手法，运用不同石料堆叠成春、夏、秋、冬四景。四季假山各具特色，表达出"春景艳冶而如笑，夏山苍翠而如滴，秋山明净而如妆，冬景惨淡而如睡"和"春山宜游，夏山宜看，秋山宜登，冬山宜居"的诗情画意。中国园林泰斗陈从周先生赞誉个园为"国内孤例"，乃园林叠石艺术的巅峰之作。

西路住宅的北侧为个园庭院区的南入口，庭院与西路建筑构成一条轴线。从火巷进入庭院入口处，映入眼帘的是两侧方坛栽植的竹子，其中掩映几根石笋，后面是白墙上的水墨雕花窗，映出园中景色，是个园四季假山中的春山。方坛中间是一处圆形洞门，上题"个园"二字（图 3-129）。除此之外，西侧的廊和东侧的小门皆可进入园中。入口处景观及入口尺度较小，具有欲扬先抑的作用。

进入园门后，是一处较为封闭的天井空间，看似随意布置的湖石堆砌的花坛中栽植树木，被誉为"百兽闹春图"。湖石还构成了通行的门洞，光线通过树木和湖石形成斑驳之感，整个空间被划分得较为零散。北侧为宜雨轩，也被称为桂花厅，和周边栽植的金桂遥相呼应（图 3-130）。宜雨轩位于整条轴线的中心位置，在轩中，南侧体现春季景色，象征万物生长，北侧池上映照着夏山和报春楼的倒影，西侧竹影婆娑，东侧则可赏山石上的红叶。

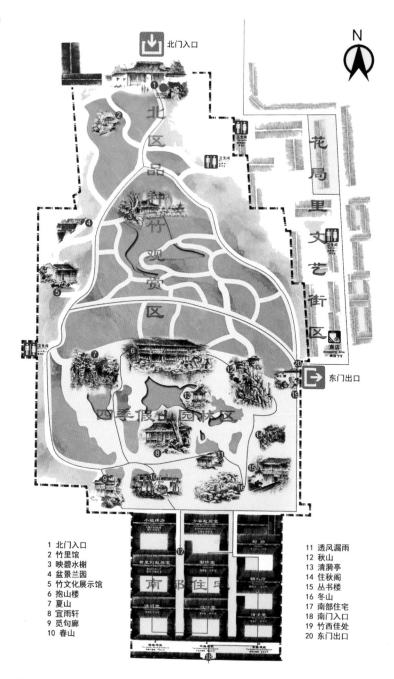

图 3-126　个园总平面图

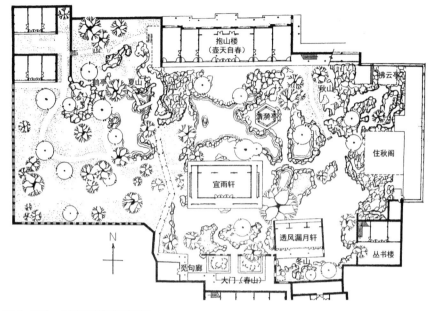

图 3-127　个园庭院部分平面图

图 3-128　个园庭院部分鸟瞰

图 3-129　个园南入口（春山）

图 3-130　宜雨轩

宜雨轩西侧有一处幽深小径，旁边栽满了竹子。通过漫长幽深的小径，来到一处湖石构成的通道，通道连接着夏山，东北和抱山楼相连，东南和宜雨轩相接。走过通道，眼前豁然开朗，是园中的西侧水域，太湖石构成的夏山从水面而起，曲桥、山洞、步道等高低错落，秀雅怡静，细腻精致，别有洞天，形成了独特的游赏空间。脚旁是水边波影，头顶是光线从洞口洒下，耳畔是鸟啼清泉，藤蔓植物自然挂落，水面倒映着湖石，如同夏天的云卷云舒（图3-131）。最北侧为抱山楼，是全园体量最大的建筑，达30 m² 以上，是一栋两层建筑，上书"壶天自春"（图3-132）。

夏山的湖石逐渐变低，形成花坛，与秋山相连。园中的东北侧为一处黄石构成的假山，入口曲折，变幻莫测，体量较大。山体呈南北走向，分中、西、南三座山峰，与住秋阁、丛书楼、拂云亭等通过台阶相连。夕阳下，黄石颜色温暖，石中颗粒闪烁，再加上配植的红枫等树种，给人以秋日意境，被称作秋山（图3-133）。秋山西侧是全园中心位置的一处宽阔水域，也位于宜雨轩和抱山楼的中间，是从南到北、由低到高的过渡，也是夏山与秋山从西向东由低到高的过渡，减轻湖石体量与质感给人的压迫感。湖畔还设置清漪亭（图3-134）。

图3-131　个园夏山

图 3-132 抱山楼

图 3-133 个园秋山

图 3-134　清漪亭

　　在庭院东南侧有一处院落，地面为白矾石冰裂纹铺装，内有白宣石构成的花坛，花坛里种植蜡梅等冬季植物，墙壁上有 24 个孔洞，风刮过发出萧瑟的北风声音。整个院落色彩单一素净，采光柔和，形成安静萧瑟的冬山（图 3-135）。同时通过墙上孔洞，看到的是春景的翠竹石笋，四季变化，再度轮回。

图 3-135　个园冬山与墙上孔洞

（三）造园特色

1. 气势壮丽，风采多姿

个园在营造上有直有曲,曲中求直,以直为主;园中的峰峦有高有低,低中求高,以高为主;在造型艺术上有秀有雄,雄中藏秀,以雄为主;在建筑布局上有疏有密,疏中有密,以疏为主。

"扬州以园亭胜",扬州园林又素"以叠石胜"。中国园林大师陈从周先生曾说:"个园以假山堆叠的精巧而出名,以石斗奇,采用'分峰用石'的手法,号称四季假山,为国内唯一孤例。"个园中假山以四种不同的石材展现四时之景:石笋石点缀春山,外形修长的灰绿色石笋石如雨后春笋般冒出地面,与春山中的竹林组成春景之山;太湖石装点夏山,灰中露白的石灰岩颜色丰润,表面光洁,以瘦、皱、露、透的山石皴法孤置成峰,既给人婀娜多姿的造型之感,又给人透风清凉之意,展现夏山之景;黄石堆叠成秋山,颜色橙黄的细砂岩是扬州盐商普遍存有的山石材料,石料体积较大,易风化,表面如斧劈皴法造就,仿秋季万物萧瑟之景;宣石垒砌冬山,旧石表面有如积雪覆盖在灰色石材上的形态,而山后留有听风音洞,用以表达风音冬雪之景。这样形成的带有四时特征的假山遍布园中,是个园最著名之处（图3-136～图3-138）。

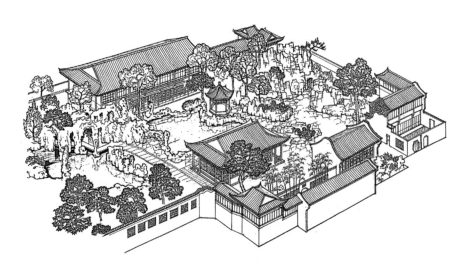

图 3-136　个园四季假山鸟瞰图

图 3-137　个园四季假山（1）

图 3-138　个园四季假山（2）

全园四周山抱楼环，松竹掩映，一片葱绿，好似宋代江千里的《仙山楼阁图》。园中面积广阔，用地近 20000 m²（不包括北部的竹园）。游人从春山绕过夏山再到秋山、冬山，如果健步而行，沿着平冈通道环山上下一圈，就需要一两个小时；如果漫步观赏，穿洞过壑，盘山登峰，那就要半天时间。

园中的夏、秋两山均依楼而缀，园中的主楼抱山楼面南向，东西计七开间，连同宽阔的走廊总长 45.8 m。楼分上下两层，楼南为单层飞檐，楼北却使用多层歇山飞檐，翘角临空，迎面分做四个层次，十分壮丽。七楹大楼的内部面积超过 200 m²，中间使用大型圆门窗格装饰，窗格的四周全部镶嵌着冰裂梅花纹，圆洞门的里面又使用方形的四角门一座，门高 2.6 m。当步入大厅透过二重门向里看时，空间显得非常深远，富丽堂皇，很有气势。

抱山楼南部，园林中心地带还建有三楹的宜雨轩，因形就势、因地制宜。宜雨轩为歇山翘角、四面卷棚廊，中用瓜子梁，室内宽广怡人（图3-139）。当人们踏进春景以后，未知后面有否景色，会有些茫然好奇，于是不由自主地进入宜雨轩。轩的四周全为镂空玻璃，人们透过玻璃顿觉风光满目，四周山岭环抱，冈峦起伏，显得十分峻峭，可见这使用了我国造园技艺中有隐有现、小中见大的手法。

图3-139 宜雨轩室内外景观

2. 布局自然，宛如天开

我国明代造园家计成在他所著的《园冶》中说道："市井不可园也，如园之，必向幽偏可筑，邻虽近俗，门掩无哗。"还说："相地合宜，构园得体。"个园的建筑正符合这一要求，虽然它的大门南临街市，处于人烟稠密之处，但是其园林坐落于幽深的住宅之后，闹中取静。南隔高楼，北植茂竹，显得十分清静。

园中的建筑有厅、有馆、有楼、有阁，造型多样，形态各异。在园的北部建一两层楼，楼高面广；在楼前建三楹大厅，显得后高前低，很有层次。园中的夏山和秋山均在楼前，夏山较低，秋山较高，给人以高低不同的感觉，但又在夏山顶部建以鹤亭，低中求高，在秋山的中峰与南峰之间，建住秋阁，高中寓低。园中的建筑，除了正中的抱山楼和宜雨轩为南向建筑，富有工整的感觉外，而四面的厅、馆、亭、阁又各有大小，因山就势，朝向东南西北，各不相同。山下有两池清沼，池形有长有圆，曲折多变，绿水漾漾，红荷绿菱，美轮美奂。

个园理水部分布局分散，主要以烘托假山和建筑的功能为主。中部区域分为若干个水池。在夏山前的水池较大，湖石驳岸呈三角形，可以最大限度地倒映夏山玲珑之气，展现湖石婉约婀娜之韵味。另一个较大的水池大体呈方形，沿池有湖石驳岸，池边有抱山楼、清漪亭和宜雨轩三座核心建筑，水池主要倒映建筑，衬托建筑在纵向视野中的高大体量。中部水池多用以衬托山景、建筑的视觉美感。

个园在植物造景方面表现出主题性的种植特征。清代刘凤诰有云："主人性爱竹，盖以竹本固。君子见其本，则思树德之先沃其根；竹心虚，君子观其心，则思应用之务宏其量。"个园的主人爱竹，在园林北部区域打造以竹为主题的植物景观（图3-140），有60余种竹类植物近两万竿，是园名谓之"个"的具体体现。园林中部，四季假山区域以季相特征明显的植物为主，如春季的竹，夏季的枇杷、广玉兰，秋季的枫树，冬季的蜡梅等，这使园林整体不仅植物季相性明显，而且植物与景色相衬，共同呈现出四季的假山之美，确似《园冶》中所说的"虽由人作，宛自天开"。

3. 匾联传情，意境深邃

在个园南入口的大型圆洞门上面，横嵌着"个园"二字，白底绿字，字形清秀有力，个园的"个"字，形如飘荡在春风中的竹叶，首先道出个园的立意。个园中部的宜雨轩内，有刘海粟先生所书"宜雨轩"横匾，字形端庄而又飘逸。两旁还悬有林散之先生所书楹联抱柱，上联为"世无遗草真能隐"，下联是"山有名花转不孤"，字形潇洒淋漓，神采飞动（图3-141）。园后的抱山楼前悬有大型匾额"壶天自春"一方，笔意高爽，为王冬龄先生书。两旁还悬有李圣和先生所书楹联，上联为"淮左古名都，记十里珠帘，二分明月"，下联为"园林今胜地，看千竿寒翠，四面烟岚"，不仅字形清雅，而且给游人以无限的启示（图3-142）。

图 3-140　个园竹景

住秋阁前还有清人郑板桥的遗墨楹联，上联为"秋从夏雨声中入"，下联是"春在寒梅蕊上寻"，充满了诗情画意。

图 3-141　宜雨轩匾联

图 3-142　抱山楼匾联

（四）趣闻轶事

个园是清嘉庆二十三年（1818）两淮盐商首总黄至筠的私家园林。建造个园花了 20 年时间，耗银 600 万两白银，相当于江苏省一年的赋税。园主黄至筠（1770—1838），又称黄应泰，字韵芬，又字个园。原籍浙江仁和（今杭州），因经营两淮盐业，而入籍扬州府甘泉县，清嘉道年间为八大盐商之一（图 3–143）。

图 3-143　黄至筠

黄至筠曾任两淮盐商首总，在扬州经营盐业。首总是个什么职位呢？清代实行盐业专卖制度，将经销食盐的商人分成两种：散商和总商。散商就是个体户，总商负责管理散商，催缴税课。首总是从十几个总商里，选一个当头领。首总虽不是政府官员，但有管理散商的职权，是盐商的代表，官府通过总商来和散商沟通。散商要把税交给盐总，再由盐总向官府交纳。

黄至筠在盐总位置上一干就是 40 多年，家财万贯。他曾两次进京为皇帝祝寿，入圆明园听戏。黄至筠与晚清著名徽商胡雪岩一样，同为"红顶商人"，都是钦赐正二品顶戴。黄至筠建的园林别业——个园，是扬州保存最完好的一所盐商私家园林。

依照坐北朝南、前宅后园的传统，个园南部是主人的起居区，正门开在东关街上。大门对面是座豪华大八字磨砖砖雕照壁。陈从周先生在《园林丛话》中说："华丽的照壁，贴水磨面砖，雕刻花纹，正中嵌'福'字，像个园大门上的，制作精美。"清人金雪舫曾说个园是"门庭旋马集名流"。传说个园鼎盛时期的住宅分别以"福、禄、寿、财、喜"为主题，纵向排列，五路豪宅次第排开，原有房屋二百多间。虽然目前保存下来的只有东、中、西三路，但一厅一堂、一梁一柱，无不显示出主人家居生活的考究与奢华，印证着扬州盐商财力的雄厚。

"民以食为天"，清代盐商对美味的追求达到极致。民间传说黄至筠每天的早餐是燕窝、参汤，外加鸡蛋两枚。而其子黄小园则常备十几种点心和十几种粥在早晨待客。由此也可略见黄家财力的雄厚和生活的奢侈。关于黄至筠饮食的精制讲究，至今还有两则在老百姓中广为流传的逸事。

1. 一两纹银一只蛋

有一天，黄至筠空闲无事，随手翻看记事簿，看到"卵二枚"下面注着"每枚纹银一两"，非常诧异地说："就算现在鸡蛋价格昂贵，可也不至于到这种程度啊！"立刻叫人把厨子喊来，斥责他弄虚作假。谁知那厨子说："我每天送来的鸡蛋，不是市面上的鸡蛋能比的，每个一两银子的价钱是很便宜的了，主人要是不相信，就重新找一个人来吧，请您好好品尝分辨一下"。说完就请辞走了。黄至筠重选了一个人来代替他，鸡蛋的价格是降下来了，可是味道却大不如从前。一连换了好几个厨子，都是这样。最后只好又要原来的厨子来做，结果第二天鸡蛋的味道又和从前一样了。黄至筠大惑不解，就问那厨子："你到底用了什么办法让鸡蛋的味道如此鲜美呢？"厨子说："我的家里养了上百只母鸡，每天都用人参、白术、红枣等研磨成粉末，加入饲料中，所以才有这样的美味，您差个人到我家里看看，就知道了。"黄至筠派人去看，果然如他所说，自此再不提换厨子的事了。

2. 担挑肉炖黄山笋

黄至筠爱竹成性，他不仅自己的名字里有"竹"，在家园里植竹，以竹意题园名，而且还有一个与竹有关的嗜好：喜欢吃竹笋。当然，个园里的竹皆为观赏竹，笋子是不宜吃的，即便吃，也数量有限。所以黄至筠最爱吃黄山笋，还要趁着刚挖出土的新鲜劲儿吃。但黄山离扬州路途遥远，如何能够吃到新鲜出土的鲜笋子呢？这在寻常人家看来简直就是异想天开嘛，可对富甲一方的大盐商来说，就不一样了。有人专门为他设计了一种可以移动的火炉，在黄山采到竹笋后立刻洗净切好，和肉一起放到锅里焖上。然后让脚夫挑着火炉接力向扬州赶，等人到了扬州，竹笋和肉也煨好了。一盘竹笋肉竟然如此大费周折，其间花费的银两就不必说了。

二、何园——晚清首园，南秀北雄

何园，原名"寄啸山庄"（图
3-144），坐落于江苏省扬州市的徐
凝门街66号，是清代后期扬州园林
的代表作，为全国重点文物保护单
位、国家AAAA级旅游景区，并与
北京颐和园、苏州拙政园同时被评为
首批全国重点公园。何园建筑特色
之冠——享有"天下第一廊"美誉的
1500 m复道回廊成就了园林建筑四通
八达之利与回环变化之美，在中国园
林中绝无仅有，被业内专家称为"中
国立交桥的雏形"；片石山房"天下
第一山"，是石涛和尚叠石的"人间
孤本"。著名学者余秋雨称，在中国

图3-144　何园东门

造园史上，能让人仰望的就是何园的"片石山房"了。中国当代古建园林专家童寯、
刘敦桢、潘谷西、罗哲文、陈从周等都对何园独特的造园手法倍加赞誉，称它为"江
南园林中的孤例"。罗哲文先生还专门为何园题词"晚清第一园"（图3-145）。

图3-145　罗哲文先生题字

（一）历史沿革

清同治元年（1862），何芷舠由湖北汉黄德道兼江汉关监督卸任到扬州，何园始建，旧址是乾隆年间的双槐园，历时 13 年建成，占地约 14000 m²，建筑面积约 7000 m²，园内有大槐树两株，传为双槐园故物，今仍有一株。何园原名"寄啸山庄"，园名取自陶渊明的《归去来兮辞》中"倚南窗以寄傲""登东皋以舒啸"之意，因辟为何宅的后花园，故而又称"何园"。光绪九年（1883），何芷舠购得吴氏片石山房旧址，并入园林，整个何园的建造前后历时 21 年之久。

抗日战争期间，何氏后人将整个山庄出售给汉奸殷汝耕。仅留片石山房东侧院落，于花园巷东首另辟大门出入。

何园于 20 世纪 70 年代末划归扬州市园林部门管理，1979 年 9 月经修缮整顿后作为名园胜地重新对外开放。1989 年，片石山房复修，门楣上的"片石山房"系移用石涛墨迹。

（二）总体布局

何园东临徐凝门街，南为花园巷和原七二三所，西临棣园旧址，北临刁家巷民居，所在之处是清中叶以来扬州会馆、园亭、豪宅汇集之地，封建官僚、盐商富豪享乐之所，文人雅士、四方游人集结之地。

何园虽几经易主变迁，但其平面格局总体并未有较大出入。园中景致布局主要划分为大花园、宅院、片石山房、祠堂四个部分（图 3-146、图 3-147），具有南秀北雄、中西兼容的独特园林风格。

大花园分东、西两园。东园以精美华丽的厅堂为主，建筑空透，高低起伏的贴壁山石，随着园墙逶迤西去，山下现一深涧，花木掩映，构城市山林之趣味。西园层楼环绕，复道迂回，与自然山水组成了一个幽深的内向型空间，是全园山水主景之所在，碧水荡漾，亭台隐约，水景生动，水池西侧山石起伏，古树参天，构成神话仙境（图 3-148）。

园中的宅院部分，建筑布局灵活，风格多变，主要为满足园主生活起居之用。骑马楼形似马鞍，因此得名，为客舍，用于客人留宿。赏月楼为园主母亲居住之处，庭院虽小，但主题明确，栏杆和地面的"延年益寿""福禄寿喜"图样均突出"孝"的主题。

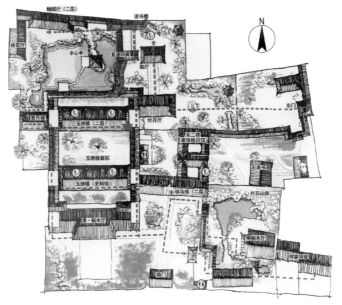

图 3-146　何园总平面图

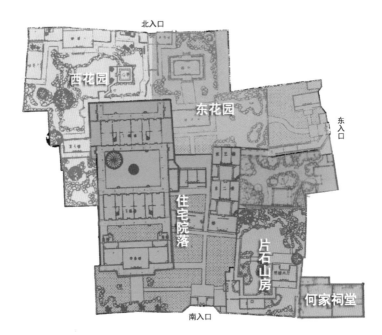

图 3-147　何园分区

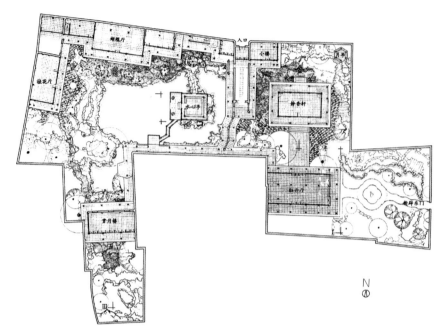

图 3-148 何园大花园平面图

　　片石山房内布局紧凑，院落北端倚墙叠山，下构清池，西南方适当地辅以游廊水榭；在池水南端复建的水榭、门楣、槅扇雕刻精致，并在室内用石板分隔成三个相互独立又互有联系的空间，以"琴棋书画"为主题，内置棋盘、涌珠泉、琴台、书桌（图 3-149）。院内主体建筑为一座楠木厅，厅堂造型古朴典雅，是何园保存年代最久的建筑，俗称"明楠木厅"，距今已有 300 多年的历史，颇具研究、观赏价值；厅西侧有一"不系舟"，寓意着平平稳稳、一帆风顺，坐在舟上可俯视鱼池（图 3-150）。

　　在何园东南角有一独立院落，院内建筑在东西向一字排开，该处是何家祠堂所在地。何家祠堂又名"光德堂"，是园林中不可多见的住宅祠堂，该区域主要用于祭祀祖先和商议大事。堂内供奉着保存完好的何氏五代祖宗容像，室内装饰简洁，墙壁上悬挂《何氏家训》十一则。厅内有古井一眼，既具有实用价值，又意蕴深远，提醒子孙后辈饮水思源、不忘恩情。

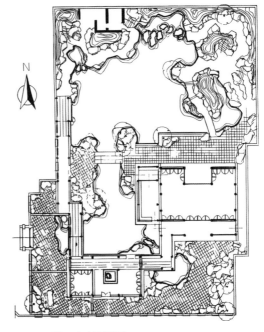

图 3-149　片石山房平面图

图 3-150　明楠木厅及其西侧的不系舟

（三）造园特色

1. 荟萃南北，兼容中西

扬州何园建于清末，这时期已是园林艺术集大成之时，园内建筑广泛吸收我国古代传统建筑艺术的精髓，清道光年间钱泳的《履园丛话》卷十二载："造屋之工，当以扬州第一。"何园中的建筑，不仅扮演着构图的角色，其形态格局还对该园的性格面貌起着决定性作用。全园建筑布局颇有特色，重楼叠阁，装饰精良，空间组合巧妙。何园内的建筑占全园面积的50%以上，在密度上可谓是"十步一楼，五步一阁"，反映了清后期私家园林重建筑营造、以建筑为主的特点。

何园宅院部分的玉绣楼（图3-151）、骑马楼（图3-152）、东二栋、东三栋布局严谨方整，有北方民居的味道，大小花园区域的建筑又带有南方园林建筑精致玲珑的特点，集南秀北雄于一体。同时，在时代的潮流下，建筑中还包容了一些西洋元素，中西兼容。园林在结合当地自然环境的基础上，充分体现了何园独特的园林内容和艺术气质，具有强烈的个性，在我国的造园史上留下了不朽的印记。

扬州地处长江江淮平原南端，虽非都城，但自隋炀帝开凿运河起，便成为南北交通的枢纽，汇通东西，一度繁花似锦。虽几经消寂，但是至清代时，由于乾隆帝六次南巡，盐业繁荣兴旺，在独特的自然地理位置和雄厚的经济背景下，城内造园活跃，南北匠师可沟通技法，因此扬州园林建筑营造多集众家所长。

图3-151　玉绣楼

图 3-152　骑马楼甬道

何园借游廊来衔接建筑，使得园内建筑群体相互穿插，保证了空间的连续性与曲折性。建筑物的尺寸偏向于北方建筑尺寸，在满足园主社交活动需求的同时，彰显了园主的财力。例如蝴蝶厅楼厅从东至西共七间；西园池中的水心亭，亭高 9.2 m，亭柱间宽 4.8 m，体量之大已不同于江南园林中作为点景的建筑小品（图 3-153）。园内建材多用清水材质，墙壁上多用水磨砖细什锦空窗，船厅的"旱园水意"（图 3-154），隐隐约约可看到北派园林的影子，可见南北工匠的流动带来的技术交流。园主为徽州人，在造园时不可避免受到乡土观念的影响，园林中或多或少都会体现徽派园林的审美风格，如规整挺秀的大型砖砌漏窗带有徽派园林的风韵；曲径通幽，山环水绕，又有水乡温婉的江南意境。牡丹厅山墙上的砖雕、船厅的砖花坐栏则有扬州本地建筑特色。

图 3-153　水心亭及其周围回廊

图 3-154　船厅及其两侧的水波纹铺地

扬州园林的色彩有两种倾向，一为北方皇家园林的浓重绚丽，如瘦西湖的五亭桥，顶敷黄色琉璃瓦、绿色檐脊，犹如国画北宗金碧重彩；一为江南园林的清新淡雅，犹如南派的水墨浅绛。何园即为后者，色彩古雅平淡，园内粉墙灰瓦，冷峻的青砖磨砌墙体和细部构件，还有黑白色的鹅卵石铺地、青砖地面、白帆石台基、朱廊环绕，给人沉稳、宁静的色彩观感。木质构架则善于发挥自然材质的本色之美。通过与园内繁茂的植栽色彩的调和，与山石相衬，与水相互掩映，在蓝天白云下，建筑融于自然，又高于自然，依稀透露着文人雅致的情调。

何园的建筑，在古典园林建筑的基底上，融合了一些西方建筑艺术手法。从整体看，何园的建筑空间布局平整率直，前宅后院，精神上并未脱离传统儒家伦理思想，只是局部建筑构件带有西洋元素。例如，运用玻璃镶窗、铁质栏杆等新颖构件，玉绣楼中的室内布局变中式的厢房卧室为西式房间，宅院的室内陈设偏向欧式等（图 3–155）。具体建筑细节表现为，与归堂（又名"煦春堂"，为清代楠木厅）与玉绣楼皆用具有欧式风味的撑牙，圆弧卷中镂空雕刻着花草，与檐柱相连，犹如欧式柱拱式造型，与之相呼应的是带着弧度的欧式百叶门窗（图 3–156、图 3–157）。同时，室内设有壁炉，玉绣楼内壁炉的西洋味不仅仅体现在它的造型上，还体现在炉口周围的瓷砖贴面上——浅黄色底的欧式花卉飞蝶图案。与玉绣楼的壁炉不同的是，与归堂副厅内的壁炉为了使烟囱不突兀地出现在中式厅堂之上，将壁炉的烟囱融合在歇山墙内，歇山山尖部分突起一段墙，高于传统屋顶正脊，在保证壁炉烟囱正常使用的同时，丰富了屋面造型（图 3–158）。

图 3-155　玉绣楼内欧式陈设

图 3-156　玉绣楼的欧式撑牙、欧式百叶窗

图 3-157　与归堂的欧式撑牙

图 3-158　与归堂内欧式陈设

　　何园是典型的城市山林，地处平原，为达到开阔眼界的观景效果，全园建筑多为上置串楼，下构回廊，登高望远，获得多样的透视角度，仰观俯视，园景层层叠叠，参差错落，历历在目，以求高低错落的变化。园中楼阁借用廊道构成了一个不可分割的整体，身处其间，边走边看，全园景色被分成高低两个层次，左右环顾，各个景点从不同角度，转换成远景、近景、实景、虚景和仰视、俯瞰诸般不同景观（图 3-159）。

图 3-159　何园宅院与西园鸟瞰（上南下北）

2. 水脉贯通，变化多姿

全园水体总体分为三个区域。在东园入口处，有一带状水体，偏居于所在贴壁假山的山体南侧，山水相依，是园林景观的绝佳之处。但是山涧并不是该区的主景，水体伴山而行，为两个厅堂主体建筑空间平添了几分山野趣味（图3-160、图3-161），其存在犹如文章卷首，多为抛砖引玉，凸显全园的精华所在——西园景观，衬托主体湖面，使其水面显得更为开阔。东园的水体又处于西园与片石山房之间，恰似两园的纽带，起到呼应首尾的作用。西园是全园主景所在之处，水体在楼台亭阁的围绕下，处于中心位置，山水交融，是该区域的主景，山水、建筑互相映衬，相得益彰，在全园中占据主导地位（图3-162）。片石山房的水体，较之全园景观构成，属于局部一景，但是由于所占面积较大，因此它成为该园的视觉景观焦点，占有主要地位（图3-163）。三处水体分布于全园各处，从局部上看，各园内水体看似独立，但从整体上看，各处水体通过其他造园要素相互联系，互通气息，形成一个有机的艺术整体。

图3-160　何园东园水体（1）

图 3-161　何园东园水体（2）

图 3-162　何园西园水体

图 3-163　何园片石山房水体

总体来说，何园的理水艺术具有虚实结合、藏露变化、曲直交替等特点。

在何园内部，不仅通过凿池引水构建真实存在的自然水体，同时还用多种"旱园水意"的手法将园中水元素更深层次地诠释成为抽象的虚拟水体。与具体的挖池引水不同，其"旱园水意"的手法多借助地面铺设、山石堆叠的方法，模拟山池、河流等水体景观，看似无水，胜似有水。旱园营造出的水意，与实际存在的水体相互配合，似断非断，若有若无，使人时刻都能感受到园林理水的连贯性，与园林中其他要素更加紧密地联系在一起（图 3-164）。

图 3-164　船厅旁以铺装营造水意

山贵有脉，水贵有源。中国古典园林理水中，源头水尾十分重要，这关系到整个园林水系的来龙去脉，处理得当，将为全园添加几分灵动。何园水体源头水尾的处理，多与山体相连，使得水体产生源流通畅、活泼自然的艺术效果。在水尾的处理方式上，何园的造园者巧思妙想，用建筑为水尾营造出意味无穷的氛围。例如，片石山房用水榭作为水体脉络的结尾，水榭连廊的台基架设悬空，水流向建筑底部延伸，似乎是通过建筑流出园外，蜿蜒不尽；同时，在水体与墙体交汇处，亦可看到墙体底部设置一水穴，用天然山石点缀，将水体向邻院拓展延伸（图3-165）。

片石山房建于明末清初，后被园主何芷舠于清光绪九年（1883）收购，纳入何园整体板块中，成为"园中园"。两园因其构筑时间、所处环境、修筑特色，以及园主背景皆有差异，所以园内水体形状各异：一以自然曲折为美（何家大花园），水面宽阔，既可静赏，亦可畅游其间，此类曲池，亦动亦静，动静结合；二以人工规整为美（片石山房）。钱泳在《履园丛话》卷二十中说："……二厅

图 3-165　片石山房的水尾处理

之后，潴以方池，池上有太湖石山子一座，高五六丈，甚奇峭，相传为石涛和尚手笔。"现在院内水体的面貌与记载有所不同，但是依稀可看到一些规整驳岸的痕迹。这类方池形态的水体设计，一方面是由于庭院空间较小，厅堂前配置规整驳岸，适宜引人近赏，游园者可通过水对光线的转换，对周围远景的反射、折射、空间翻转中感受水的变幻无穷；另一方面是园主重视个人修身，需要深厚涵养的"适意""求理"的欣赏需求促成的。而东园和西园模仿自然形态的"曲水"，体现了园主对实际山水形态的关注、对直接感官体验的重视。

3. 重峦叠嶂，鬼斧神工

古语有"园可无山，不可无石"的说法。清代李斗在《扬州画舫录》称道："扬州以名园胜，名园以叠石胜。"明清时期，中国的造山叠石艺术已具有相当高的水平，由于扬州交通畅达，经济繁荣，再加上清帝屡次南巡，南北叠石技艺得到融会贯通，众多叠石大师在此留下作品，比如计成在影园中设计的叠石、石涛在片石山房中设计的假山、仇好石在怡性堂的宣石作品等。经几代人的传承、创新，扬州叠石已自成一派，颇有名气。何园内山石遍布全园，其精湛的叠石造山艺术，既是自然的缩影，是在对自然的高度概括后加以提炼的艺术再现，又是造园艺术中屏俗、点景、分隔空间等重要处理手法的完美运用。

扬州的地势平坦，本地缺乏自然山石供给，所以造园所用之材多依靠水路从外地采购，由于距离产石区较远，运输不便，故山石体块较小，大型石料较少。从园林假山所用的材料来看，品种较多，常用的石种有湖石、黄石、宣石、灵璧石、石笋石、花岗岩石等。何园中假山置石主要以湖石为主，黄石、笋石、宣石等为辅（图3-166）。

何园中的山石布置主次分明，一脉相承，以山石为线索，与园中其他要素紧密联系在一起。园中主体山石主要分布在四个区域：一是东园入口区域的贴壁假山，采用了嵌理岩壁的艺术手法；二是西园水心亭对面的假山，依水堆叠；三是赏月楼前的湖石山，旱地筑山；四是赫赫有名的片石山房，也是依水堆叠（图3-167）。

《园冶·掇山》中讲道："峭壁山者，靠壁理也。藉以粉壁为纸，以石为绘也。"这种"以壁为纸"的叠石手法，在何园内亦可看到。东园的贴壁假山以及片石山房的假山皆以壁为纸、石为绘，墙面的光洁与山石的粗糙，互相对比。东园的贴

198

图3-166　何园中的太湖石与灵璧石

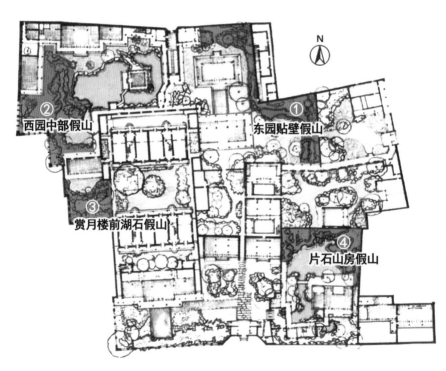

图3-167　何园主要假山分布图

壁假山高低错落，长达60余米，曲直交织，上盘山道，下通幽谷，水绕山谷，既有悬崖险壁，又拾级可攀。游人既可在岭上漫步，欣赏园中风光，又可健步高攀，登峰远眺。过月亭可登上复道回廊，成为全园上下立体交通的重要组成部分。较之西园山石，走势平缓（图3-168）。

西园假山则为集中式的布置，前为太湖石所堆叠的主峰，峰高约14 m，后为黄石次山，呈现南北伸展之势，与湖中的水心亭共构"一池三山"之势。自复道回廊向西望去，视野开阔，山体气势恢宏，山峰险峻，山麓间植栽两株白皮松，郁郁葱葱，更显得山高林幽，煞有山林气氛。自蹬道盘旋而上，登上峰顶，纵览群山，山巅参差不齐，凹凸起伏，错落有致，尽明暗虚实之变化；走到近处，

图3-168　何园东园假山

山石质地分明，纹路清晰，太湖石分东西两半，由次山黄石在其中相接，质地苍劲古朴的黄石与太湖石的玲珑柔美形成了鲜明对比，穿梭其间颇有游山之趣味（图3-169）。

图3-169　何园西园假山

赏月楼前堆叠的湖石假山属于旱地堆叠的艺术手法，它既是西园假山的延续，又是楼的组成部分，假山内设有磴道，代替楼梯，与赏月楼二楼相勾连，下有空谷相通。假山错落曲折的身影，使得规整的院落增添了曲线变化，丰满了园林空间布局（图3-170）。

片石山房假山传为石涛所叠，结构别具一格，采用下屋上峰的处理手法。主峰堆叠在两间砖砌的"石屋"之上。有东、西两条道通向石屋，西道跨越溪流，东道穿过山洞进入石屋。山体环抱水池，主峰峻峭苍劲，配峰在西南转折处，两峰之间连冈断堑，似续不续，有奔腾跳跃的动势，颇得"山欲动而势长"的画理，也符合画山"左急右缓，切莫两翼"的布局原则，显出章法非凡的气度（图3-171）。片石山房于1989年复修，门楣上的"片石山房"字样系移用石涛墨迹（图3-172）。

图 3-170　何园赏月楼前假山

图 3-171　石涛堆叠的贴壁假山

图 3-172　石涛墨迹"片石山房"

此园的设计以石涛画稿为蓝本，顺自然之理，行自然之趣，表现了石涛诗中"四边水色茫无际，别有寻思不在鱼。莫谓此中天地小，卷舒收放卓然庐"的意境。园中假山丘壑中的"水中月"是一处光线透过假山圆洞映射在水面而成的奇观，盈盈池水，益然成趣（图3-173）。说到这里，值得一提的是，何园"月景"有四处，最为人熟知的，便是片石山房的"水中月"。片石山房还有一处"月景"，为"月牙门"，它的存在，更添"水中月"的"月"味（图3-174）。赏月楼，又名怡萱楼，原是园主人为母亲建造的居所，这里古典趣味浓郁，小楼、假山、古木、佛堂、香炉、月色相映成趣（图3-175）；楼上铁栏杆刻有"延年益寿"图样。近月亭，位于东园贴壁假山之上，小巧玲珑，仅4 m²左右，六个翘角一米多长，半米多高，均不出园顶，别具一格。夜晚，来到亭中，可赏月上东山，正是"月作主人梅作客，花为四壁船为家"（图3-176）。

图3-173　片石山房的水中月

图3-174　片石山房的月牙门

图 3-175　何园赏月楼

图 3-176　何园近月亭

4. 四季花木，生机盎然

据统计，何园现有园林植物 38 科、60 属、78 种（表 3-5），主要代表科有蔷薇科（9 属、10 种）、木犀科（6 属、7 种）。其中古树名木有 8 科、9 属、9 种，落叶阔叶树种有木绣球、朴树、银杏、石榴、紫薇等，常绿阔叶树种有广玉兰、桂花、黄杨、女贞等，常绿针叶树种有圆柏、白皮松等。木本植物有 31 科、49 属、64 种，其中竹类有 1 科、3 属、5 种。多年生草本植物有 8 科、9 属、9 种。此外，园内还广泛种植了扬州本地植物，如琼花、绣球、芍药等。

表 3-5　何园常见园林植物

类别	植物名称
观花类	广玉兰、白玉兰、梅、日本晚樱、桃、木瓜海棠、垂丝海棠、桂花、山茶、丁香、迎春、连翘、云南黄馨、芍药、胡颓子、白花夹竹桃、杜鹃花、紫荆、紫薇、琼花、一叶兰、绣球、龙爪槐、蜡梅、锦带花、地中海荚蒾、结香、牡丹、碧桃
观叶类	红叶石楠、杜梨、卫矛、小叶女贞、丝棉木、朴树、黄杨、乌桕、鸡爪槭、三角枫、红枫、洒金珊瑚、八角金盘
荫木类	罗汉松、白皮松、黑松、侧柏、匍地柏、油茶、女贞、梓树、法国冬青、梧桐、厚皮香、国槐、棕榈、正木、石楠
竹类	箬竹、孝顺竹、黄杆乌哺鸡竹、紫竹、刚竹
草本类	红花酢浆草、鸢尾、萱草、麦冬、石蒜、芭蕉、木香、金丝桃、吉祥草、石竹
藤本类	扶芳藤、凌霄、紫藤、爬山虎
水生草本类	石菖蒲
观果类	枇杷、石榴、香橼、南天竹

何园的植物配置充分考虑到了季相变换，做到"四时不断，皆入画图"，在时间的维度上和空间的形态上延续并确立花木观赏的要旨。何园四季有景，待到春天，万物复苏，桃花争艳，牡丹怒放，玉兰花开，海棠娇美，满园春色；夏季荷香四溢，石榴红艳；金秋丹桂飘香；寒冬蜡梅绽放，松柏常青。

在何园的创作中，植物的色彩也是园林景观重要的渲染手段。何园中朴素的粉墙黛瓦，反衬出植物那润泽的苍翠以及点染的姹紫嫣红，这就使园中景观色彩更为鲜明，意境更为幽雅自然。

园中建筑与山水需依靠植物的衬托来联系自然。植物与建筑之间的构图关系要处理得体，往往要考虑建筑的空间体量与观赏景面的布置。园中建筑多开敞雄伟，因此多植高直雄健、翠盖满院的树木，如白皮松、棕榈、玉兰（图3–177）等，这主要是由于花木配置若太过矮小，就会显得景观比例失调、植被稀疏，不能达到在既定的尺度、比例之下的景观效果。若在建筑主要观赏面前栽种过于高大繁茂的树木，则会阻隔观景视线。蝴蝶厅前高耸挺直的棕榈，与起翘的屋角、端庄的建筑外观相互掩映，其枝叶舒朗，使得游览者视线畅通无阻（图3–178）。园中山石之间、水池岸畔多配置各类花木，一方面用花木的枝叶遮掩山石僵硬的衔接，成为驳岸与水体的自然过渡；另一方面通过花木与山石的融合，加强山水气韵。

图3–177　何园蝴蝶厅旁的玉兰

图 3-178　何园蝴蝶厅前的棕榈

此外，在历史的文化积淀下，不同种类的花木还被赋予了不同的品格，人们将它们的自然习性引申到精神层面，托物言志，借以抒怀，予以植物人格化特点。园内选择不同寓意的花木，创造出不同的景观效果。例如，在赏月楼院落，用植物寓意造景，植栽象征长寿的松柏、寓意家庭和睦的紫薇，以及多子多福的石榴，通过植物的人格化将该院落营造成一个寓意祥和的空间。

（四）趣闻轶事

何园是扬州大型私家园林中最后问世的一座，被园林学泰斗罗哲文盛赞为"晚清第一园"。何园占地14000 m²，分为东园、西园、宅院、片石山房四个部分，格局大气，建筑精美。

园主何芷舠（1835—1908），字汝持，号芷舠，祖籍安徽望江吉水（图 3-179）。从清同治六年（1867）

图 3-179　何芷舠

起，何芷舠历任湖北武昌盐法道、湖北督粮道、湖北按察使、湖北汉黄德道兼江汉关监督等职。1883 年，何芷舠由湖北任上辞官退隐到扬州，建造了何园。然而，在归隐山林 18 年后，年逾六旬的何芷舠决定售卖何园，举家迁居上海，投身实业、金融、教育事业，成就斐然。1908 年病逝于上海，走完他 73 年的传奇一生。

何家是显宦世家，何芷舠又常与外国人打交道，思想开明，眼界开阔，因此何园的建筑玉绣楼、与归堂、骑马楼等，多呈现南北兼容、中西合璧的艺术风格。园中最为人称道之处在于，它创造了中国造园艺术的四个"天下第一"。

居于首位的当数享有"天下第一廊"美誉的复道回廊。回廊长达 1500 多米，巧分为上下两层，串联全园，构成了回环变化之美和四通八达之妙，这与现代立交桥的设计理念颇为契合（图 3-180）。

图 3-180　何园的复道回廊

复道回廊上的什锦洞窗和水磨漏窗，造型阔大，样式繁多，绕廊赏景，步移景异，是园林窗洞中罕见的极品，被誉为"天下第一窗"。

被称作"天下第一亭"的，是西园水池中央的水心亭，也称"小方壶"，意指海中仙山。这座水上戏台，借助水面与走廊的回声，增强共鸣效果，令声音尤显清亮，与现代剧场对声学原理的运用有异曲同工之妙。

园中"天下第一山"则指片石山房的叠石假山。奇崛兀立的石峰贴壁而建，如同一幅立体的画，是清代大画家石涛唯一流传于世的叠石杰作。

书香门第，簪缨世家，何家走出了祖孙翰林（何俊、何声灏）、兄弟博士（何世桢、何世枚）、父女画家（何适斋、何怡如）、姐弟院士（王承书、何祚庥）等一代代英才。何家留给扬州的，不仅是一座造园艺术登峰造极的何园，更是一份书香继世、文脉绵延的精神。

第四章
揭开江南古典园林的奥秘

　　现有的研究多将苏浙两省的私家园林归为江南园林统一论述，两者之间的对比研究少之又少。虽然在造园背景、造园手法、造园要素等方面，两者有着众多相似之处，但深入挖掘、细细品味，可发现其中差异之所在。总体来说，如果说江苏园林的精华在于"人工之中见自然"，那么浙江园林则将"自然之中缀人工"做得更为精妙；江苏园林大多是内向的，浙江园林则是局部外向的，外向的部分即是接纳湖山的部分。正是由于这种差异的形成，造就了两省各具特色的地域园林体系。为此，本章将通过苏浙两省四地古典园林艺术特色的对比分析，揭开江南古典园林地域特色差异的神秘面纱。

第一节 浙江古典园林艺术特色

一、杭州古典园林特色——和谐、雅正、大气

杭州自古以来就是中国经济和文化较为发达的地区之一，在西湖湖山的滋养下形成了自身的文化传统。自南宋建都以来，杭州地区更是形成了自己独特的园林风格，并在南宋时期对中国古典园林的发展产生了重要的影响，开启了中国古典园林的江南时代。杭州在城市文化、城市景观方面都深受南宋时期的影响，其园林也不例外。它延续了南宋遗风，以滨水、山地园林的营造见长，善于因地制宜地利用自然山水，力求园林本身与外部环境相契合，结构精巧，富有层次感，植物种类丰富，造景手法突出，风格重生态、自然，凸现出"和谐""雅正""大气"的地域特色。

1. 和谐之美

"三面云山一面城，半城秋色半城湖。"山水之美，是美丽杭州的底色。特别是西湖风景名胜区举世闻名，优美的湖光山色吸引人们在此定居造园。自唐宋以来，杭州私家园林大多依西湖山水而建，力求园林本身与外部自然环境相契合，园内园外浑然一体，创造出与自然和谐共生的大美家园。

2. 雅正之韵

杭州是南宋都城，宋韵文化对杭州园林发展影响至深。宋韵文化作为中华优秀传统文化的重要组成部分，是杭州古典园林的重要文化标识。宋韵，是一种雅正的审美文化，中正、本色而自然，在平易中见颜色、见才华。杭州园林既蕴含了文人士大夫追求禅境的精神家园、诗意的审美意境，又融入了市井的生活情趣，使雅俗互通、互构、互成。

3. 大气之风

杭州山水资源丰富，园林营造大多就地取材，运用乡土山石、建筑与植物材料，同时依托自然地形，采用高低错落、自由分散的布局方式，更多呈现出自然山水园林的质朴面貌。此外，杭州古典园林深受南宋文化及浙派绘画的影响，讲求雄浑大气，疏朗天然，少了一些人为艺术的加工，从而成就了一种大气之风。

二、温州古典园林特色——清秀、古远、质朴

温州古典园林虽处江南，却少了一分江南园林的婉约细腻。它以温州独特的地域文化和地理环境为基础，在继承江南古典园林的理景艺术上，又形成独特的地域特色和深厚的文化内涵。古人以巧妙的理景手法，结合园林各要素，以人文之美入天然山水，寓教于景，使景物"因人成胜概"，形成因借自然的园林类型、内外交融的空间格局、真山真水的山水造景、位于文化圈边界的建筑风格、繁花杂木的植物配置，以及注重教化的人文内涵。这六种元素相互交融，相互影响，最终形成温州古典园林"清秀""古远""质朴"的地域特色。

1. 清秀之美

温州古典园林没有精雕细琢的雕梁画栋，而是追求因地制宜的建筑造型，灵活多变，追求与自然环境的相互配合。古人在构建山水园林之时，不施华彩，而是追求淡雅的天然之趣：通过建筑、植物与山水的相互交织，并加之以人文点染，融人文之雅入山水之秀，从而给人一种犹如芙蓉出水般的清秀之美。

2. 古远之意

温州古典园林中，依然保留了大量宋代时期的木作、石作技术，建筑形式古老，颇有宋代遗风。悠久的工匠技艺，使景观建筑在山水、植物的映衬之下，总是带着一种淡淡的古风。所以，身处温州古典园林之中，能令人产生思古之幽情，遥想沧海之变迁，自然有"幽轩相对久，古意日儵然"的古远之意。

3. 质朴之风

江南古典园林追求的是通过精湛的造景手法，模拟自然，从而造就"宛自天开"的园林景观；而温州古典园林恰恰相反。古人在营造景观之时，尽量保持景观的自然之美，通过巧妙的人工理法，追求返璞归真的天然之趣。温州古典园林中极少出现人工的叠山理水，而是极力与自然山水相依，收揽天然的山水意趣，最终形成"返璞复拙，以全其真"的质朴之风。

第二节　江苏古典园林艺术特色

一、苏州古典园林特色——婉约、精致、含蓄

苏州私家园林凭借其写意山水的高超艺术手法，享有"江南园林甲天下，苏州园林甲江南"之美誉。苏州古典园林宅园合一，可赏、可游、可居。这种建筑形态的形成，是在人口密集和缺乏自然风光的城市中，人类依恋自然、追求与自然和谐相处、美化和完善自身居住环境的一种创造。苏州古典园林所蕴含的中华哲学、历史、人文习俗是江南人文历史传统、地方风俗的一种象征和浓缩，展现了江南文化的精华，最终形成了苏州园林"婉约""精致""含蓄"的地域特色。

1. 婉约之美

苏州是典型的江南水乡，水网密布，为园林水景的营造创造了良好的条件。苏州园林中以表现静态水景为主，水面或寂静幽远，或烟波浩渺，或平静如镜，使人感到宁静、开朗。园林多以水池为中心，建筑沿水四周环列，形成一种向心、内聚的格局，以水为源、溪流绕室，以水为景、叠山引泉，水的柔美更加凸显出苏州园林柔和婉约之美。

2. 精致之意

苏州园林建筑物的布置和设计都别具匠心，大到建筑的朝向，小到门窗的雕花，都相当细致。苏州园林的主人多为官场上的失意文人士大夫，他们把自己一腔抱负付诸宅院筑造，对自家的园林精雕细琢：起翘的屋角，恰如美人秀眉入鬓；游廊绕庭，分而不隔，内外通透；用各式门窗将粉墙黛瓦一丛丛装裱入画，衬以修竹芭蕉……在市井中创造出一个与世隔绝、饱含情趣的精致天地。

3. 含蓄之风

苏州古称"吴门"，在画史上有名的"吴门画派"即源于此。吴门画派追求秀雅苍润、宁静致远的艺术风格。白墙青瓦、意趣幽远、色彩淡雅的苏州文人写意园林恰如吴门画风，文气十足，温雅平和，讲究含蓄，常常通过植物以比德、比兴的手法，用题额、对联来含蓄地点明主题，让人触景生情，实现情景交融，意蕴在这种趋于静态的历史传统中得以延续。

二、扬州古典园林特色——雅健、鼎新、享乐

清代乾隆、嘉庆年间，甲天下的是扬州园林，而不是苏州园林。当时，由于扬州盐商富甲天下，他们拥有足够的财力来建造园林，穷奢极欲。据统计，扬州城内私家园林最盛时达 200 多处。与苏州园林的文人写意风格不同，扬州园林是文人园林风格的变体，园主儒商合一，附庸风雅而效法士流园林，或者园主因本人文化不高而聘文人为他们筹划经营，从而在市民园林的基调上着以或多或少的文人色彩。因此，扬州园林南北风格兼具，雄伟与秀美并收，构思精巧，讲究人文与自然的巧妙结合，造园艺术独树一帜，形成了"雅健""鼎新""享乐"的地域特色。

1. 雅健之美

扬州园林的主人以富商为多，造园时在保留江南园林淡薄、清雅韵味的基础上，还凭借其雄厚的经济实力，借鉴北方皇家园林雄伟恢宏和高贵富丽的风格，形成雅健的南北过渡特色。这些富商多为安徽徽州籍的儒商，他们除富有外，往往还捐一个空头官衔，以显耀其身份。因此，扬州园林在标榜风雅外，还追求豪华，炫耀富有。

2. 鼎新之意

对扬州园林产生莫大影响的是以金农、郑燮、李鱓、汪士慎、李方膺等为代表的"扬州画派"，强调个性，讲求创新，以造化为师，以我法入画，卓然于众，不拘一格。这种求奇求新的画风孕育出了扬州园林敢于推陈出新的特点——"四季假山"、穷形洞壑的山石堆叠之法，集景式滨水园林群落，复道回廊，大型楼阁等鼎新之举层出不穷。

3. 享乐之风

清代中后期是扬州园林的极盛期。这一时期的园林继承了之前的传统，取得了相当辉煌的成就，同时也暴露出封建文化"烂熟"的情况，反映了末世的衰颓迹象。处在封建社会即将解体的末世，文人士大夫普遍追名逐利，贪图生活享乐。传统的清高、隐逸的思想越来越淡薄，这点从扬州园林的娱乐、社交功能上升的现象中可见一斑。

第三节　浙江与江苏园林风格比较

　　我国地域广大，东西南北的地理条件及人文风貌各不相同，因而园林也常常表现出较明显的地域特色，并形成了最具代表性的三大古典园林艺术精华——北方皇家园林、江南园林和岭南园林。在生态文明新时代，古典皇家园林和岭南园林虽然仍散发着无穷的艺术魅力，但受到适用对象和地域等因素的影响，推广应用的局限性很大。而在当今美丽中国建设进程中，江南古典园林艺术的发展空间却越来越广阔，可以预见，一定时期内，江南园林风格将会大放异彩。

　　江苏和浙江都是江南古典园林的主要发祥地，两省园林整体上都具有清丽雅致、质朴自然的江南水乡特色，但通过前面的研究发现，浙江古典园林与江苏古典园林内在特质却大相径庭。追本溯源，两省古典园林的差异来源最主要是地理环境的不同，从而直接造成两省园林的选址不同，加上人文因素的影响，进而使两省的造园手法产生差异。

　　以苏州园林为代表的江苏园林多为城市山林，咫尺之内造乾坤，方寸之间显美景，精致而小家碧玉，不仅在国家文化交流的"园林外交"中越来越多地充当中国文化大使，而且在民间也以整体或片段的身姿日益频繁地出现在各地住宅区域的景观中。而以杭州园林特别是西湖景观为代表的浙江园林多依托自然山水营造，呈现出真山真水、疏朗明快、大气自然的造园特色，在城市风景营造尺度上凸显出更加重要的推广价值和广阔的发展前景（表4-1）。

表 4-1　浙江与江苏古典园林风格对比

项目	浙江园林	江苏园林
类型	天然山水园	人工山水园
特色	真山真水	模山范水
底蕴	越风宋韵	吴风汉韵
选址	多山林地、江湖地	多城市地
格局	外向为主	内向为主
手法	自然之中缀人工	人工之中见自然
尺度	大、中尺度	中、小尺度
比喻	大家闺秀	小家碧玉
应用	城市风景营造	住宅区域环境营造
对象	大众（体现共同富裕思想）	业主